中共佛山市委宣传部
佛山市社会科学界联合会　主编

佛山市人文和社科研究丛书
FOSHANSHI RENWEN HE SHEKE YANJIU CONGSHU

佛山家风家教研究

FOSHAN JIAFENG JIAJIAO YANJIU

陈万里 著

南方日报出版社
NANFANG DAILY PRESS
中国·广州

图书在版编目（CIP）数据

佛山家风家教研究 / 陈万里著. — 广州 : 南方日报出版社，2017.6
（佛山市人文和社科研究丛书）
ISBN 978-7-5491-1597-6

Ⅰ. ①佛… Ⅱ. ①陈… Ⅲ. ①家庭道德—研究—佛山 Ⅳ. ①B823.1

中国版本图书馆 CIP 数据核字(2017)第 058092 号

FOSHAN JIAFENG JIAJIAO YANJIU
佛山家风家教研究

著　　者：陈万里
出版发行：南方日报出版社
地　　址：广州市广州大道中 289 号
出 版 人：周洪威
出版统筹：周山丹
责任编辑：阮清钰
责任技编：王　兰
责任校对：阮昌汉
装帧设计：阿　里　范利阳
内文插图：陈嘉伟
经　　销：全国新华书店
印　　刷：广东信源彩色印务有限公司
开　　本：787mm×1092mm　1/16
印　　张：14
字　　数：230 千字
版　　次：2017 年 6 月第 1 版
印　　次：2017 年 6 月第 1 次印刷
定　　价：42.00 元

投稿热线：（020）87373998-8503　读者热线：（020）87373998-8502
网址：http://www.nanfangdaily.com.cn/press　http://www.southcn.com/ebook

“佛山市人文和社科研究丛书”出版前言

文化是一座城市的品格和基因，佛山是座历史传统悠久、人文气息浓郁、文化积累深厚的城市。近年来，佛山经济社会发展日新月异，岭南文化名城建设如火如荼，市、区有关部门及镇街从各自工作职能或地方发展特点出发，陆续编辑出版了一些人文社科方面的书籍及资料。但从全市层面看，尚无一套完整反映佛山历史文化和人文社科方面的研究丛书，实为佛山社会文化传承的一大憾事。为弥补这不足之处，中共佛山市委宣传部、佛山市社会科学界联合会决定联合全市社会科学研究力量，深入挖掘佛山历史文化资源，梳理佛山哲学社会科学研究成果，编辑出版“佛山市人文和社科研究丛书”，并力争将其打造成为佛山市的人文社科研究品牌和城市文化名片。

本套丛书的策划和编辑，主要基于以下几个方面的考虑：一是体现综合性。丛书从全市层面开展综合性研究，既彰显佛山社会经济文化综合实力，也充分展现佛山人文社科研究水平，避免了只研究单一领域或个别现象，难以形成影响力的缺憾。二是注重广泛性。丛书对佛山历史文化、名人古迹、民俗风情、非物质文化遗产和经济、政治、社会、生态等各个方面都给予关注，而佛山经济社会发展亮点、历史文化闪光点和研究空白领域更是丛书首选。三是突出本土性。丛书选题紧贴佛山实际，具有鲜明的地方特色，作者主要来自佛山本地，也适当吸收外部力量，以锻炼培养一批优秀的人文社科研究人才。四是侧重研究性。丛书严格遵守学术规范，注重学术研究的广度、深度和高度。注重理论的概括、提炼和升华，在题材、风格、构思、观点等方面多有独到之处，具备权威性、整体性、系统性和新颖性，是值得收藏或研究的好书籍。五是兼顾通俗性。丛书要求语言通俗易懂，行文简洁明了，图文并茂，条理清晰，易于传播，既可做阅读品鉴之用，也是开展对外宣传和交流的好读物。六是坚持优质性。丛书综合考虑研究进度和经费安排，本着宁缺毋滥的原则，采取成熟一本、出版一本的做法，“慢工出细活”，保证研究出版的质量。七是力求系统性。

每年从若干选题中精选一批进行资助出版，积沙成塔，形成规模，届时可再按历史文化、哲学社会科学、佛山典籍整理等形成系列，使丛书系列化、规模化、品牌化。八是讲究方便性。每本书，既是整套丛书的一部分，编排体例、形式风格保持一致，又独立成书，自成一体，各有风采，避免卷帙浩繁，方便携带和交流。

自2012年底正式启动丛书编辑工作以来，包括这一辑在内，共已编撰出版四辑。每一辑书籍的编撰，编委会都要多次召开专门会议，讨论确定研究主题、编辑原则、体例标准、出版发行等事宜。经过选题报告、修改完善、专家审定、编辑校对等环节，形成每一辑的“佛山市人文和社科研究丛书”。此次第四辑“佛山市人文和社科研究丛书”包括《佛山企业家文化研究》《佛山家风家教研究》《佛山木版年画研究》《佛山养生文化探源》《佛山历史村落》等五本著作。今后，编委会将继续从全市各单位、各院校及社会各界广泛征集项目进行论证遴选和资助出版，力争通过数年的持续努力，形成一整套覆盖佛山人文社科方方面面的研究丛书，使之成为建设佛山岭南文化名城、增强地方文化软实力的一项标志性工程。

本套丛书的编辑得到了佛山科学技术学院、华南师范大学、广东东软学院、顺德职业技术学院、佛山市中医院等单位和全市广大人文社科工作者的大力支持，中国社会科学院首批学部委员、著名学者杨义教授欣然为丛书作总序，南方日报出版社为丛书的出版做了大量艰苦细致的工作，在此一并表示衷心的感谢，并对所有关心和支持丛书编撰工作的社会各界人士致以深深的敬意！

佛山市人文和社科研究丛书编委会

2017年2月

都来了解佛山的城市自我
——“佛山市人文和社科研究丛书”总序

杨　义
（中国社会科学院首批学部委员）

大凡有文化底蕴的地方，都有它的身份、品格和精神，有它的人物、掌故和地方风物，从而在祖国文化精神总谱系中留下它独特的文化 DNA。佛山作为一座朝气蓬勃而又谦逊踏实的岭南名城，自然也有它的身份、品格、精神，有它的人物、掌故、风物和文化 DNA。对于佛山人而言，了解这些，就是了解他们的城市自我；对于外来人而言，了解这些，就是接触这个城市的“地气”。

佛山有“肇迹于晋，得名于唐”的说法。汉武帝派遣张骞通西域之后，中国始通罽宾，即今之克什米尔。罽宾属于或近于佛教发祥之地，在东汉魏晋以后的数百年间，多有高僧到中原传播佛教和译经。唐玄奘西行求法，就是从罽宾进入天竺的。据清代《佛山志》，东晋时期，有罽宾国僧人航海东来传教，在广州西面的西江、北江交汇的“河之洲”季华乡结寮讲经，宣传佛教，洲岛上居民因号其地为“经堂”。东晋安帝隆安二年（398 年），初来僧人弟子三藏法师达昆耶舍尊者，来岛再续传法的香火，在经堂旧址上建立了塔坡寺。因而佛山经堂有对联云：“自东晋卓锡季华，大启丛林，阅年最久；念西土传经上国，重兴法宇，历劫不磨。”其后故寺废弛。到了唐太宗贞观二年（628 年），居民在塔坡岗下辟地建屋，掘得铜佛三尊和圆顶石碑一块，碑上有“塔坡佛寺”四字，下有联语云：“胜地骤开，一千年前，青山是我佛；莲花极顶，五百载后，说法起何人。”乡人认为这里是佛家之山，立石牓纪念，唐贞观二年镌刻的“佛山”石牓至今犹存。佛山的由来，因珠江冲击成沙洲，为佛僧栽下慧根，终于立下了人杰地灵的根脉。

明清以降的地方志，逐步发展成为记录地方历史风貌的百科全书。地方志一类文献，成为了解地方情势，启示就地方而思考“我是谁”的文化记忆遗产。毛泽东喜欢读地方志书，在战争年代，每打下一座县城，就找县志来读。1929年红军打下兴国县城，获取清代续修的《瑞金县志》，他如获至宝，挑灯夜读。新中国成立后，毛泽东到各地视察、开会，总要借阅当地志书。1958年在成都会议之前，就率先借阅《四川通志》《蜀本纪》《华阳国志》，后又要来《都江堰水利述要》《灌县志》，并在书上批、画、圈、点。他在这次成都会议上，提倡在全国编修地方志。1959年，毛泽东上庐山，就借阅民国时期吴宗慈修的《庐山志》及《庐山续志稿》。可见编纂地方人文社会科学文献，是使人明白“我从何而来”“我的文化基因若何”，保留历史记忆，增加文化底蕴的重要工程。

从历史记忆可知，佛山之得名，是中外文化交流的一个靓丽的典型。它栽下的慧根，就是以自己的地理因缘和人文胸怀，得经济文化的开放风气之先。因为佛教东传，不只是一个宗教事件，同时也是开拓文化胸襟的历史事件。随同佛教而来的，是优秀的印度、波斯、中亚和希腊文化，它牵动了海上丝绸之路。诸如雕塑、绘画、音乐、美术、珍宝、工艺、科技、思想、话语、逻辑、风习，各种新奇高明的思想文化形式，都借助着航船渡过瀚海，涌入佛山。佛山的眼界、知性、文藻、胸襟为之一变，文化地位得到提升。

但是佛山胸襟的创造，既是开放的，又是立足本土的。佛山的城市地标上“无山也无佛”，山的精神和佛的慧根，已经化身千千万万，融入这里的河水及沃土。佛山的标志是供奉道教的北方玄天大帝（真武）的神庙，而非佛寺，这是发人深省的。清初番禺人屈大均的《广东新语》卷六说：“吾粤多真武宫，以南海佛山镇之祠为大，称曰祖庙。”那么为何本土道教的祖庙成了佛山的标志呢？就因为佛山为珠江水流环抱，水是它的生命线，如屈大均接着说的：“南溟之水生于北极，北极为源而南溟为委，祀赤帝者以其治水之委，祀黑帝者以其司水之源也。”于是，从北宋元丰年间（1078—1085年）起，佛山就建祖庙，宋元以后各宗祠公众议事于此，成为联结各姓的纽带，遂称“祖庙”。祖庙附有孔庙、碑廊、园林，红墙绿瓦，亭廊嵯峨，雕梁画栋，绿荫葱茏，历数百年而逐渐成为一座规模宏大、制作精美、布局严谨，具有浓厚岭南地方特色的庙宇建筑群。

这种脚踏实地的开放胸襟，催生和推动了佛山的社会经济开发的脚步。晋唐时期的佛山，还只是依江临海的沙洲，陆地尚未成片。到了宋代，随着中原移民的大量涌入和海外贸易的兴起，以及珠江三角洲的进一步开发，佛山得到了进一步的发展，于是有“乡之成聚，肇于汴宋”的说法。佛山临近省城，可以分润省城的人才、文化、交通、商贸需求的便利；但它又不是省城，可以相当程度地摆脱官府权势压力和体制性条条框框的约束，有利于民间资本、技艺、实业和贸易方式的发育。珠江三角洲千里沃野，需要大量铁制的农具，因而带动了佛山的冶铁铸造业。屈大均《广东新语》卷十五说："铁莫良于广铁，……诸炉之铁冶既成，皆输佛山之埠，佛山俗善鼓铸，……诸所铸器，率以佛山为良，陶则以石湾。"生产工具的改进和省会、海外需求的刺激，又进一步带动了以桑基鱼塘为依托的缫丝纺织业。

起源于南粤先民的制陶业，也在中原制陶技术的影响下，迅速发展起来了。南宋至元，中原移民把定、汝、官、哥、钧诸名窑的技艺带到佛山石湾，与石湾原有的制陶技艺相融合，在吸取名窑造型、釉色、装饰纹样的基础上，使"石湾集宋代各名窑之大成"。石湾的土、珠江的水，在佛山人手里仿佛具有了灵性，它们在南风古灶里交融裂变、天人合一，幻化出五彩斑斓的石湾陶。清人李调元《南越笔记》卷六记载："南海县之石湾善陶。凡广州陶器，皆出石湾，尤精缸瓦。其为金鱼大缸者，两两相合。出火则俯者为阳，仰者为阴。阴所盛则水浊，阳所盛则水清。试之尽然。谚曰：'石湾缸瓦，胜于天下。'"李调元是清乾嘉年间的四川人，晚年著述自娱，这也取材于《广东新语》。水下考古曾在西沙沉没的古代商船中发现许多宋代石湾陶瓷。在东至日本朝鲜、西至西亚的亚曼和东非的坦桑尼亚等地，也有不少石湾陶瓷出土。自明代起，石湾的艺术陶塑、园林建筑陶瓷、手工业用陶器不断输出国外，尤其是园林建筑陶瓷，极受东南亚人民的欢迎。东南亚各国如泰国、越南、新加坡、马来西亚、印度尼西亚等地的出土文物中，石湾陶瓷屡见不鲜。至今在东南亚各地以及香港、澳门、台湾地区的庙宇寺院屋檐瓦脊上，完整保留的石湾制造的瓦脊就有近百条之多，建筑饰品更是难以计其数。石湾陶凭借佛山通江达海的交通条件和活跃的海外贸易，走出了国门，创造了"石湾瓦，甲天下"的辉煌。石湾陶瓷史，堪称一部浓缩的佛山文化发展史，也是一部精华版的岭南文化发展史：南粤文化是其底色，中原文化是其彩釉，而外来文化有如海风拂拂，引起了令人惊艳的"窑变"。

佛山真正名扬四海，还因其在明清时期演绎的工商兴市的传奇。明清时期的佛山，城市空间不断拓展，商业空前繁荣，由三墟六市一跃变为二十七铺。佛山的纺织、铸造、陶瓷三大支柱产业，都进入了繁荣昌盛的发展阶段。名商巨贾、名工巧匠、文人士子、贩夫走卒，五方辐辏，汇聚佛山。或借助产业与资本的运作，富甲一方，造福乡梓；或潜心学艺，精益求精，创业自强。于是，佛山有了发迹南洋的粤商，有了十八省行商会馆，有了古洛学社和佛山书院，有了诸如铸铁中心、南国丝都、南国陶都、广东银行、工艺美术之乡、民间艺术之乡、中成药之乡、粤剧之乡、武术之乡、美食之乡等让人艳羡的美名，有了陈太吉的酒、源吉林的茶、琼花会馆的戏……百业竞秀，名品荟萃，可见街市之繁华。乡人自豪地宣称："佛山一埠，为天下重镇，工艺之目，咸萃于此。"外地游客也盛赞："商贾丛集，阛阓殷厚，冲天招牌，较京师尤大，万家灯火，百货充盈，省垣不及也。"清道光十年（1830 年）佛山人口据说已近 60 万，成为"广南一大都会"，与汉口、景德镇、朱仙镇并称"天下四大名镇"，甚至与苏州、汉口、北京共享"天下四大聚"之美誉，即清人刘献廷《广阳杂记》卷四所云："天下有四聚，北则京师，南则佛山，东则苏州，西则汉口。"佛山既非政治中心，亦非军事重镇，它的崛起打破了"郡县城市"的旧模式，开启了中国传统工商城市发展的新途径。它以"工商成市"的模式，丰富了中国城市学的内涵。

近现代的佛山，曾经遭遇过交通路线改变、地理优势丧失、经济环境变化的困扰。但是，佛山没有步同列"四大名镇"的朱仙镇一蹶不振的后尘，而是在艰难中励志探索，始终没有松懈发展的原动力，在日渐深化的程度上实行现代转型。改革开放以来，佛山又演绎了经济学家津津乐道的"顺德模式"和"南海模式"。前者是一种以集体经济为主、骨干企业为主、工业为主的经济发展方式。借助这种模式，顺德于 20 世纪 80 年代完成了从农业社会到初始化工业社会的过渡，完善了有利于科学发展的体制机制，诞生了顺德家电的"四大花旦"——美的、科龙、华宝、万家乐。后者是以草根经济为基础，按照"三大产业齐发展，五个层次一起上"的方针，调动县、镇、村、组、户各方面的积极性和社会资源，形成中小企业满天星斗的局面。上述两种模式衍生了佛山集群发展的制造业基地、各显神通的专业市场、驰名中外的佛山品牌、享誉全国的民营经济。

佛山在自晋至唐的得名过程中埋下了文化精神的基因，又在现代产业经济发展中，培育和彰显了一种敢为人先、崇文务实和通济和谐的佛山精神。这种文化基因和文化精神，使佛山人得近代风气之先，走出了一批影响卓著的名人：从民族资本家陈启源到公车上书的康有为，从"近代科学先驱"邹伯奇到"铁路之父"詹天佑，从"岭南诗宗"孙蕡到"我佛山人"吴趼人，从睁眼看世界的梁廷枏到出使西国的张荫桓，从岭南雄狮黄飞鸿到好莱坞功夫巨星李小龙。在现代工商发展方式上也多有创造，从工商巨镇到家电之都，从"三来一补"到经济体制改革，从专业镇建设到大部制改革，从简镇强权到创新型城市建设，百年佛山人在政治、经济、文化领域引领风骚，演绎了一个个岭南传奇。佛山适时地开发了中国最具经济实力和发展活力之一的珠江三角洲腹地，位于亚太经济发展活跃的东亚及东南亚的交会处的地理位置优势，由古代"四大名镇"之一转型为中国的改革先锋。

佛山人生生不息、与时俱进的创造力，蕴含着深厚的文化血脉和丰富的文化启示，值得进行系统的梳理和深层次的阐释。当代的佛山人，在默默发家致富、务实兴市的同时，应该自觉地了解生于斯、长于斯的这个城市的“自我”，总结这个城市发展的风风雨雨、潮起潮落的足迹，以佛山曾是文献之邦、人文渊薮的传统，来充实自己的人文情怀，提高“佛山之梦”的境界。佛山人也有梦，一百年前“我佛山人”吴趼人在《南方报》上连载过一部《新石头记》，写贾宝玉重入凡世乃是晚清社会，他不满于晚清的种种奇怪不平之事，后来偶然误入“文明境界”，目睹境内先进的科技、优良的制度，不胜唏嘘。他呼唤“真正能自由的国民，必要人人能有了自治的能力，能守社会上的规则，能明法律上的界线，才可以说自由”；而那种“野蛮的自由”，只是薛蟠要去的地方。这些佛山文化遗产，是佛山人应该重新唤回记忆，重新加以阐释的。

“我佛山人”是我研究小说史时所熟悉的。我曾到过佛山，与佛山人交流过读书的乐趣和体会，佛山的文化魅力和经济成就也让我感动。略有遗憾的是，当我想深入追踪佛山的历史身份、品位和文化DNA时，图书馆和书店里除了旅游手册之类，竟难以找到有丰厚文化底蕴的新读物。“崇文”的佛山，究竟隐藏在繁华都市的何方？“喧嚣”的佛山，可曾还有一方人文净土？我困惑着，也寻觅着。如今这套“佛山市人文和社科研究丛书”，当可满足我的精神饥渴。它涵盖了佛山的方方面面，政治、经济、文化、历史、人文、地理，城市、人物、事件，时空交错，经纬纵横，一如古镇佛山，繁华而不喧嚣，富有而不夸耀；也如当代佛山，美丽而不失内秀，从容而颇具大气。只要你开卷展读，定会感受到佛山气息，迎面而来：佛山味道，沁人心脾；佛山故事，让人陶醉；佛山人物，让人钦佩；佛山经验，引人深思；佛山传奇，催人奋进。当你游览祖庙圣域、南风古灶、梁园古宅之后，从容体味这些讲述佛山文化的书籍，自会感到精神充实，畅想佛山的过去、当下和未来。我有一个愿望，这套丛书不止于三四本，而应该是上十本、上百本，因为佛山的智慧和传奇，还在书写着新的篇章，佛山是一部读不完的大书。佛山，又名禅城。佛山于我们，是参不透的禅。这套丛书可以使我们驻足沉思，时有顿悟！

我喜欢谈论人文地理，近来尤其关注包括佛山在内的南中国地区的历史文化。但是对于佛山，充其量只是走马观花、浮光掠影，爱之有加，知之有限。聊作数言，权作观感。是为序。

2017 年 3 月

序一

张宇航

我与陈万里博士是在广东省人大教科文卫委组织的两次公务活动中相识的。一次是我到广东东软学院开展调研活动，陈博士作为学院副院长参加，我们初次相识。我对文学情有独钟，多年来在工作之余写了一些文学作品并结集出版，陈博士也是一个笔耕不辍的学者，故两人颇有共同语言。出于对学生的关心，我向广东东软学院图书馆赠送了部分散文集和报告文学集；陈万里教授也把他的三本关于家庭教育和经济学的专著送我学习。

另一次是我到东软学院所在的佛山市开展职业教育专题调研，陈博士也参加座谈讨论，我们之间又加深了一些了解。往后，就经常通过微信、短信保持着联系。

陈博士是2013年5月才调到东软学院承担学校部分管理工作的。那时东软学院正晋升二本，他的到来，助力了学校一些业务的管理水平。除了担负繁忙的学校管理工作外，陈博士还不忘教师初心，主动开办学术讲座、领衔科研项目、撰写论文和著书立说，用他自己的话说是“辛劳并快乐着”。

陈博士自认是“新佛山人”，到佛山后一直为当地的社会和经济快速发展而欣喜，为城区建设者的高昂斗志所激励。在本职工作之余，他利用了一切所能利用的时间和精力，主动探索、寻觅佛山本土社会科学研究课题。2015年9月，他的“佛山家风家教研究”课题获相关专家评审通过，并被佛山市社会科学界联合会确认为2016年“佛山市人文和社科研究丛书”资助项目。

对于陈万里博士这样到佛山工作生活才两年多的外地学人来说，开展佛山文化、家风和家教史料研究是颇有难度的。作为“外来人口”，要熟悉本地文化，查找当地家风、家教资料和开展田野调查，都需要有相当的时间，这不是一件容易的事。好在陈博士多年来走南闯北、四海为家，具有较好的学术积淀，并习惯于攻坚克难，如今这部著作终告完成，按期付梓。

本书的缘起，在于学习习近平总书记2015年春节关于家、家风和家教的重要讲话。陈博士感到作为教育工作者，有责任通过学习、思索，搜集和评析佛山家风、家教的历史典籍，来呼吁更多的市民重视家风家教及其传承。书中表述了中外文化的内涵与差异，并据此对佛山本地家风、家教资料进行解读和评析。

为了引导社会上一些盲目崇拜西方家风、家教的人走出认识误区，本书还对西方家风、家教典籍展开剖析，明确回答了中西家教孰优孰劣等热点、难点问题，指出应如何借鉴和理性对待西方经验的思维方式；对于佛山今后怎样强化本土文化建设、强化本土家风家教建设，他也发自内心建言献策，表达了一位“新佛山人”挚爱脚下这片岭南热土的殷殷之情！

难得陈博士对岭南本土文化有如此真情和研究，我愿意为该书作序，以示学习和鼓励。

2016 年 10 月

（作者为广东省人大常委、省人大教科文卫委副主任委员）

序二

孙 雷

“仰头望明月，寄情千里光。”丙申中秋，万里学长鸿雁传书，邀我为其心血力作《佛山家风家教研究》作序，捧读书稿数日，惶惶然不敢落笔。因为作为校友和学弟，更多的是对万里学长多年来孜孜不倦、笔耕不辍的求索精神的钦佩之情，承蒙信任，硬要写点什么，最多也只是一名读者、一名受众、一名粉丝的心得体悟。

与万里学长相识于坐落在白山黑水之间的东北大学。作为一所具有爱国主义光荣传统的大学，东北大学在90余年的办学历程中，始终坚持与国家发展和民族复兴同向同行、同频共振，形成了“自强不息，知行合一”的校训精神。正是这种优秀校园文化基因的滋养，让我和万里学长在岁月洗礼中相识相知并不断成长，虽然后来在职业发展上我选择了留守校园，万里学长选择了云游四方，但是这种共同的文化基因似一条彩带始终让我们魂牵梦绕、关注彼此。于是乎，在《辽沈晚报》刊载我谈重修家训的文章时，万里学长以敏锐的洞察力第一时间予以捕捉关注，让我们的思想深处再次有了久逢知己的兴奋和共鸣。因为彼时，恰巧万里学长正在伏案打磨《佛山家风家教研究》书稿。细细想来，南国北疆，植根于同一血脉的我们，默契十足的从不同角度阐释着“家”的文化，这种默契既源于一名学者的使命担当，也源于东北大学爱国主义传统的融入延续，更源于实现中华民族伟大复兴中国梦的时代激励。

在传统中国，“家国一体”，“家”是缩小的“国”，“国”即放大的“家”。在此情况下，家风家教被提高到了关乎社稷兴衰与天下存亡的高度，受到了上至天子下至庶民的高度重视，这对中华文化数千年传承从未中断可谓厥功至伟。与之相应，家风家教也在岁月的积淀中自然而然地成为中华文化的重要内容。回看历史，产生于四千多年前到五千五百多年前的世界四大古代文明，如今已经发生了很大变化。古埃及文明、巴比伦文明、古印度文明已经衰落，而中华文明之所以能够绵延至今，就是因为以儒释道文化为根本，并包容其他文化的精髓融入每个家庭世代相传的结果。这也是中华民族复兴的最大软实力。

家训是家庭的核心价值观，家规是家庭的“基本法”，家风是家族子孙代代恪守家训、家规而长期形成的具有鲜明家族特征的家庭文化，是一个家族最宝贵的财产，是每个家族成员自豪感的源泉，是每个家庭成员“三观”的基石。可以说，家风家教文化作为一种传统的社会意识形态，在塑造民族文化性格，延续传统道德方面，发挥着重要作用。在我家的客厅上，便挂着一幅“孙维恺家训”：“为人仁义，处事明礼；从政勤勉，经商厚道；治学严谨，子嗣守敬；持家和睦，亲友互助；家国至上，行稳致远。”这 40 字家训是我们家族成员历时 3 个月共同追忆雕琢而成。最初的目的，是希望蓝底金字的家训供于堂前，当族人细数家规家风、详释家训之义时，众人能时时牢记、处处践行。实践证明，家训应运而生时，长辈们听而赞之，后生们听而思之，家训文化在吾家焕发出勃勃生机，这便是家风家教的独特魅力和它与生俱来与族群的亲切感，带给族群润物细无声的获得感。

“一家仁，一国兴仁；一家让，一国兴让。”家风好，则族风好、民风好、国风好。习近平总书记曾指出：“家庭是社会的基本细胞，是人生的第一所学校。不论时代发生多大变化，不论生活格局发生多大变化，我们都要重视家庭建设，注重家庭、注重家教、注重家风。”在继承和发扬中华民族优秀传统文化的当下，万里学长围绕家风家教开展学术研究意义重大。全书从中西方文化比较的视角切入，对佛山的传统家风和现代家风进行了详实阐释和深刻评析，列举了独具代表的楷模典型，并对传承发展佛山家风家教提出了中肯的对策建议，这些研究成果宝贵至极，既是文献总结，又是智库成果，既闪烁着中华民族优秀传统文化的光芒，也折射出社会主义核心价值观的智慧，具有极高的学术价值和应用价值。本书正式出版后，必将对家风家教研究产生积极影响。

“一花独放不是春，百花齐放春满园”。当下，我们国家正在日益重视对于社会主义核心价值观的宣传教育。价值观教育的关键在于理念与生活的结合，理念与内心深处的爱憎取舍的对接，在于言与行的一致，心与口的统一。期待在万里学长的率先垂范下，有更多的学者从事家风家教的研究，继承和发扬中华民族优秀传统文化，弘扬社会主义核心价值观。

中国的强大离不开价值观的强大，让我们从注重家庭开始，让我们从每一个人的努力开始——这是读罢万里学长《佛山家风家教研究》最大的心得体悟，权作序。

2016 年 9 月

（作者为东北大学党委常委、副校长，政协沈阳市常委，教授，博士）

目　录

绪　论

一、家风家教史料研究的缘起

（一）习近平阐述新观点

中共中央、国务院2015年2月17日举行中央春节团拜会，习近平总书记发表春节贺词，谈到了“家”的意义。家庭是社会的基本细胞，是人生的第一所学校。中华民族自古以来就重视家庭、重视亲情。不论时代发生多大变化，不论生活格局发生多大变化，我们都要重视家庭建设，注重家庭、注重家教、注重家风。总书记引用了唐代诗人孟郊的《游子吟》：“慈母手中线，游子身上衣。临行密密缝，意恐迟迟归。谁言寸草心，报得三春晖。”认为这首著名诗篇生动地表达了中国人深厚的家庭情结。

习近平在讲话中还提到了家庭、家风与家教和社会主义核心价值观的关系，注重家庭建设可以促进培育和弘扬社会主义核心价值观。

中国执政党最高领导人的讲话，释放了一个明确的信号，家风家教以及社会组织的最小细胞——家庭的作用，连接着社会主义核心价值观。无论是国家发展、民族进步和社会和谐都需要无数个家庭的支持，都依仗家风的良好建设。

可以说家庭建设、家风和家教的作用提升到了以前从未达到的认识高度。

（二）中华民族家风家教历史悠久

大家在当今的社会中都会明显体察到，商业氛围无所不在和日渐浓厚，人们物质的需求不时盖过了精神需求。这样的需求显然冲击了社会人的信仰和价值观，冲击了古老的家风和家教理念。中国有着悠久的历史和文明传统，不论是普通人家还是才子佳人、帝王将相的家族，大都很重视家风与家教，因为家风和家教同一个家庭乃至一个家族的兴衰密切相关。家风和家教在中华民族千百年的岁月里，是人们繁衍、生息和发展的重要精神支撑。家风和家教又是我国文明和文化的特殊财富，展示了龙的传人的大智慧，也反映了中国人的宏大心胸和精神追求。

以家教为例，我国作为世界文明古国之一，长期有着重视家庭教育的优良传统，几千年来累积了浩如烟海的家教经验，例如著名的孟母三迁和岳母刺字等传世佳话，可以说是无人不知、无人不晓。但是我们也不得不承认，在眼前利益的迷惑下，遗忘、淡化、动摇和不屑这些优良传统的苗头若隐若现。当代国人需要坚守古代重视家风的优良传统，坚定走出家教的误区；每个家庭都要带好自己的子女，引导他们由家庭走向社会，修身齐家治国平天下。

二、研究背景

（一）对研究佛山文化的认识

广东省佛山市是中国唯一以“佛”命名的城市，佛山具有深厚和悠久的文化历史积淀，早已成为我国历史文化名城之一。既然先人将此地称为佛山，一定是与佛教存在某种密切的关联。暨南大学的刘正刚教授受托于佛山政府相关部门，带领自己的课题组前后 4 次考察佛山市多个地区、文化单位和寺庙，完成了相关课题，于 2015 年 1 月撰写出具有历史意义的专著《佛教与佛山文化》。笔者有幸拜读刘教授的大作，才得知在东晋时期，西域的僧侣们借助于海洋贸易进入中国南方传教。由于这些外国人的执着，外来佛教文化的人气竟然超过了中国本土的儒家文化。这种情况延续下来直到唐代，最终形成了地域性名称“佛山”。这样的历史沿革说明，佛山市的名称本来就是中外文化融合和交流的产物。笔者除拜读刘正刚教授大作获得历史知识之外，还感悟到要想为佛山社会科学研究做出点历史性贡献，真就需要深入第一线，通过大量田野考察、史料梳理、比较研究，甚至挖掘别人弃置不顾的资料，才能完成一部具有学术分量的著书。研究佛山古往今来的家风家教课题，必须置身于佛山本土文化的视角下，这是唯一正确的研究思路。

（二）佛山现代社会的发展要求

从清朝开始，佛山成为广南的一大都会，人口大约60 万。与汉口、朱仙镇和景德镇并列为“天下四大镇”，还和北京、苏州、汉口享有“天下四大聚”的美名，开启了我国传统工商城市生存和发展的路径。

而近现代的佛山地区，再次展现了自己的辉煌，改革开放近 40 年来，先后衍生出了城镇经济的“顺德模式”和“南海模式”。前者完成了从农业社会到初始化工业社会的过渡，催生了美的、万家乐、华宝和科龙四大家电名牌。后者是以草根经济为基础，按照“三大产业齐发展、五个层次一起上”的策略方针，充分调动各方积极性和社会资源，打造出中小企业群星璀璨的良好局面。

与此同时，历史长河中孕育的佛山文化精神，主要彰显为三个方面：崇文务实、敢为人先和通济和谐。文化基因的折射，使本地名人辈出，影响深远。从“公车上书”的康有为、中国铁路之父詹天佑，到岭南武术名家黄飞鸿和功夫巨星李小龙，都是“世界级”的著名人士。

但是，我们不得不承认，纵观佛山近现代史的绮丽画卷，人文和社会科学方面的影响力还是明显低于商业与经济方面的影响力。本地的文化内涵理应进一步发掘和弘扬，本地的人才和专家、学者需要进一步发挥自己的聪明才智，为光大、积淀人文和社科内涵与外延加倍努力和进取。正因如此，笔者才倾心于考察、整理、综合和提炼家风家教的历史精华，力图从社会组织的最小细胞——家庭的角度，发掘佛山地域社会科学变革和创造的新源泉。

三、著者的一点心愿

（一）作者个人的技术功底

笔者是“新佛山人”。国内外知名 IT 解决方案提供商东软集团，为支持原南海东软信息职业技术学院升本，于 2013 年 5 月将笔者从成都东软学院调转到佛山市南海区。2014 年南海东软信息职业技术学院成功升本，并更名为广东东软学院。笔者留任广东东软学院副院长、院学术委员会副主任，后兼任佛山市社会科学联合会主席团成员，长期工作生活在佛山市。笔者大学读的是 IT 专业，硕士是教育系统工程专业和工业管理工程专业，博士是产业经济学专业。多年来完成国家及省市级科研项目 15 项，撰写出版学术专著 6 部，主编大学教材 1 部，另发表学术论文 50 多篇。至于家风家教方面的研究，是为教育自己的博士生女儿不得不开展的“业余活动”，久而久之发展成为“职业兴趣爱好”。还可以说是理工专业的功底，自觉不自觉地往社会科学研究方面“靠”。最多算个“半路出家”吧！

但是仔细分析起来也不尽然。首先，笔者大学毕业后留在东北大学，做过教师，当过辅导员、系副主任、校机关处长和团委书记等，先后在重点大学工作了 18 年。后来主动下海担任多个规模企业的高管 15 年，然后重回大学搞管理、做副校长又是 7 年多了。

再有，笔者还具有“父亲头衔”，把一个初高中都是中等生的女儿，硬是通过和风细雨、双向沟通的方式，协助她本科考入名校，硕士和博士也就读于名校。这尽管是个案，但也具有明显的借鉴意义。

而且理工科的功底开展社会科学研究，用理工科的严谨求证思维和方式研究社会科学项目，可能会产生一种具有工程性逻辑的社科研究成果，会比较独特和新颖，在哲学社会科学学术界也不失为是件好事。

无论怎么说，研究者对于文化视角下的佛山家风家教课题只是一种探索式研讨，吃个螃蟹尝个鲜吧！

（二）来佛山后感受区域的发展和进步

2013 年 5 月笔者第一次来佛山，对本地的情况十分陌生，只知道詹天佑、梁启超、黄飞鸿、李小龙等名人，其他一概不晓得。刚来时说不出佛山文化、经济状况如何，因为无法比较。可是数年后的今天，确实明显感觉到了佛山文化、经济和社会环境的日新月异。仅以城市环境为例，2013 年刚来时佛山新城区建设处于初期，多处是一片开工的工地景象。到了 2015 年末，佛山新城已初具规模，现代化的高楼大厦林立。不久后投入使用的佛山新图书馆在同类城市图书馆中排位第二，建筑面积达到 4.5 万平方米，内部设施和电子信息化程度令人震撼。而在原来老城区的广东金融高新技术服务区景象和楼群现代化程度也是令人震惊。

再看看我们的驻地南海区狮山镇，一汽大众佛山分厂已初具规模，第一期工程年产 30 万辆高尔夫车，厂内人员已达 6000 多人；到 2017 年底，第二期工程完毕，再上新车型 30 万辆，全厂人员将超过万人。狮山镇人口已超过 80 万，GDP 产值 800 多亿元。居民们原来只能在普通的腾兴百货购物，而如今大型综合商圈和信广场早已投入使用。2016 年初又一大型综合商圈腾大广场已开始部分使用。狮山镇在原有两家四星级酒店的基础上，又增添了国际知名品牌华美达酒店。

我们这些新佛山人已经充分感觉到本地区的巨大变化和发展潜力；更在想，我们这些后来者怎样才能为第二故乡多做些贡献。

第一章

中西文化概念及文化现象

第一节　中国文化概念及文化现象

一、中国文化概念

从中国学者的角度看，文化有广义和狭义之分。首都师范大学历史系教授、博士生导师魏光奇先生认为，广义的文化是个学术理论上的概念，它的含义与“自然”相对应，要对某些东西做出改变和加工，不能任其自然。比如艺术、卫生、教育、医疗、体育等都可称作文化。

在中国古代文献中，最早使用“文化”这个词的是汉代的刘向，他既是学者也是官员。刘向说：“圣人之治天下也，先文德而后武力。”意思是说，圣人先用“文德”来治理天下，在遇到不服从时才付诸武力。“文化不改，然后加诛”。刘向说的“文化”是“以文教化”的含义，是个动词，它隐含着是与“自然”相对的概念。当然，随着时代的变迁，文化由原来的动词词性逐步转化为名词词性了。

狭义的文化就是特指语文知识，因此坊间描述某某有文化、某某没文化，或者某人文化水平高、文化水平低，指的就是语文水平的差别。

本书所使用的文化概念是指广义的文化，包括艺术、教育、历史等。

魏光奇先生通过比较分析研究提出了文化的定义：文化是人类作为社会群体的一切创造活动及其成果。

文化可以大致分为三个层次：

第一个层次，可以称为物质文化。是事务性的东西，比如工具、机器和房屋等。还有人将其称作“器物层次”，是“器物”就一定是人类创造的。

第二个层次是社会关系。人们在社会中工作和生活，要与各种人接触、交流，大家之间存在着多种的社会关系。比如在家中可以是丈夫、妻子、父亲或孩子，在学校可以是学生或者是老师，这些也都是文化。也有的专家学者将其称为“制度层次”，社会关系中经长期存在而凝固化的部分，形成了“规范”，这就是制度。例如在职场中，下级如何对待上级，而上级要如何对待下级等，形成了必须遵守的制度规定。

第三个层次是精神文化。例如伦理、宗教和艺术等。精神文化也可以称作“观念层次”，比如家庭中父亲应当怎样对待儿女，儿女应当怎样对待老人等。

也有一些专家学者认为，文化是人类在人本身的自然与外部自然的基础上，在社会实践中不断选择、创造并保存和演化中的一切物质财富和精神财富的总和。它是人化的自然，或者自然的人化，是人在不同环境的生存奋斗实践中所选择、创造，并不断积淀和创新着的一切生存条件和生存方式。

根据《大英百科全书》的统计，全球各类出版物对文化的定义有160多种，目前还不存在统一的释义。但从我们如上所选取的两种文化定义的解释，说它是与自然相对应的概念比较合理，文化至少是人为的，而非“天生的”。

二、中国文化起源

说明和分析中国文化的起源，可以从农耕文明、臣民家国、阴阳思维三个角度来考虑。①

（一）农耕文明是中华民族经济的初始形态

水源是星球上一切生物生存的充要条件，江河湖溪对中国文化的孕育发挥了决定性作用。松花江、黑龙江、海河、辽河、淮河、黄河、长江、珠江和雅鲁藏布江等江河流域，形成了广阔的冲积平原。如此多的平原地带雨量充沛、温暖湿润，又加之江河湖溪水系的浇灌，逐步形成了中华民族的农耕文明。

中华民族地大物博，因为大部分人口生活在农耕地域，总体上形成了农耕文明为主导的经济局面。正因为如此国情，中国历代统治者的指导思想都是农业立国，长期施行“重农抑商”政策，把“商”排列为“士农工商”四民等级的最后。这也导致以后的中国长期处于男耕女织、自给自足的小农经济阶段。

经济的初始形态——农耕文明影响着人们的生存方式。日出而作，日落而息；靠天吃饭，自给自足。

人们的生存方式又决定了其思维方式、价值取向和文化性格：因循守旧，顺应自然；安分守己，尚同不争。

（二）臣民家国社会是中华民族政治的初始形态

在古代中国，人们是以群体来生存的。最小的团体是血亲家庭，多个血亲家庭形成了血亲族群，也就是家族。无数个家族逐渐形成了国家。男

① 陈坤林，何强．中西文化比较［M］．北京：国防工业出版社，2014.

耕女织、自给自足的小农经济形成了以血缘家庭为基础的中国传统社会结构，血缘与地缘的结合构建了臣民家国社会的政治基础。

这种臣民家国社会具有自己的特点：

一是采用宗法制来区分家族内部成员的亲疏关系，宗法制明确了家族财产、权利和地位继承等规制。

二是社会的伦理道德以政治化为依据，提倡孝道和治道的合一。例如父为子纲、夫为妻纲、君为臣纲，宣扬的是移孝作忠和家国同构。

三是大力推行专制式的国家政体，不允许任何其他力量与政府抗衡。专制政体所表现的是：

蔑视人权：限制人身自由，施行保甲制度。

文化专制：焚书坑儒；罢黜百家，独尊儒术；大兴文字狱。

独裁统治：皇帝至上，集政治、法律、军事、文化、道德等所有最高权力于一身。

（三）阴阳思维是中华民族文化的初始形态

农业文明培育了中华民族先人的阴阳思维，也可以称作是阴阳意向思维。这种思维方式关心的是世界具体“怎么样”，注重事物的功用，是很典型的经验感性思维。

中国先民对物质世界功能属性的直观概括，形成了阴阳、五行和八卦等物质运动观念，这也是先人们早期的整体、循环和意向的思维方式。

经验感性思维对科学在中国的发展造成了不利影响，只看重感性经验的总结，看不到现象背后本质的东西，使中华古国严重缺少研究事物本质规律的思维基础，只是满足于停留在技术应用层面。

如上分析可以得出，中华先民的自然条件和生存方式，致使经济循着农耕文明的路途前行，产生了家国臣民社会的专制政治模式，形成了阴阳五行的意象思维方式，塑造了本民族实用功利意识较强的文化性格。

三、中国文化精神

文化与文化精神的关系，犹如一栋楼房地面上的建筑和地基之间的关系，文化好比建筑，文化精神就像建筑的地基。文化精神是一个民族的基本思维方式和基础价值取向，它必然体现在国家和家庭的方方面面。例如，中华民族的文化精神会深深嵌入中国社会的政治、经济、法律、道德、艺术和宗教等领域。懂得文化精神就是掌握了中国文化的基因。

阐述中国文化的精神可以从人与自然的关系、人与社会的关系和人与自身的关系三个方面来展开讨论。

（一）人与自然：天人合一，顺应自然

中国文化精神认为，人与自然的关系应当是“天人合一”，顺应自然。

在农耕文明的时代，在与大自然和谐友善相处的过程中，中华先民逐步塑造了“天人合一”的宇宙观。在中国人看来，宇宙是以一个整体存在着，天地人是合一的，缺一不可。“合一”意味着和谐相处，虽然天地人各不相同，但它们是一统的，相互不能分离。

中华民族的儒家文化、道家文化、墨家文化，以至于由印度传入的佛教文化从本质上都崇尚和合，淡化竞争。法家文化确实是崇尚权势和竞争的，但它在历史上得势的时间较短暂，同时也不是中华民族的主流文化，影响力不大。

中国“天人合一”的和合精神，体现在人与自然、人与社会、人身与人心的和谐上，是一种提倡礼让、和平、无争，崇尚和合、淡化竞争的文化。

（二）人与社会：中庸和平，群己合一

中国文化精神认为，人与社会的关系应当是中庸和平，群己合一。

在中庸和平观念的体现上，儒家文化是最具有代表性的，儒家一直强化宣扬的价值原则和成人理想是“中庸”“中和”。朱熹说：“中者，不偏不倚。无过不及之名；庸，平常也。”这里所提倡的是个人在思想行为上需要节制、适度和守常；个人对自己喜怒哀乐等情感和功名利禄要有克制与约束，“从心所欲不逾矩”的通达圆融是最高的理想境界。

需要注意的是儒家所倡导的“中庸”与“中和”思想，并不是要否定原则性、差异性和个性，只是要求在原则性、差异性和个性的协调中达到某种“和而不同”的理想境界。

（三）人与自身：身心合一，以理抑情

中国文化精神认为，人与自身的关系应当是身心合一，以理抑情。

天地是大宇宙，包罗了天地之万象。个人是小宇宙，包罗了自身之万象。而大宇宙和小宇宙又是合一的，是天人合一。

每个个体还是身心合一的，因为“身”为情欲，“心”是人性；而人性即天性，天性也是“天理”。因此“身心合一”就是情欲和天理的统一，就是“情理合一”。这样就带来了中国人办事要讲“人情味”，不能不讲情面，又要合情合理，还要对得起天理良心。要达到“以理抑情”，不做伤天害理的亏心事。

中华民族“身心合一”文化性格的形成，是由于原始先人们难以在世俗世界中单独存活，只能在群居状态下生存，因而缺乏个体独立自我的意

识。这就决定了国人的情理合一、灵肉一体、以身统心的内向人格模式。

四、中国科学与教育文化

由于文化价值和思维方式的原因，中国文化重视应用技术，它的目标是要回答事物的现象是“怎么样的”，主要关注点是物质的功用。中国先人的教育思想同样由于文化价值和思维方式的原因，是求“善”而不求“真”。

（一）知识价值在于实用

中国文化对于知识的价值采取实用主义，一切知识和理论都要具备可行性和实际价值，要求“学以致用”，反对“为求知而求知”。

这些思维在古代科学技术成就上反映十分明显，例如在古代应用技术方面有火药、指南针、造纸术、印刷术、纺织术、瓷器以及机械制造等等。

在中国古代实用科学方面，农学、医学和天文学等等，都取得了十分辉煌的成绩，有些方面至今被世界大多数国家所赞赏和认可。

上述的科技成果都起源于经验科学，其思维方法被局限在个体经验和直观推导可以企及的领域。是为满足大众日常需要的应用研究，主要依靠师傅带徒弟的技术传承，缺少基础理论的钻研和支撑，明显限制了科学技术由应用层面向理论体系层面的攀升。

（二）认识途径主要靠直觉

中国的传统思维偏好用直觉体验的方式去获取和传达涵盖力强而灵活的认识成果，去获取和传达为认识主体留有过大领悟空间的认识成果。

中华民族古代的思维偏好主要有两方面的表现：

一是重视“心”，强调直指人心。孟子说：“学问之道无他，求其放心而已矣。”意思是，追求知识与才能没有别的途径，唯一的办法是“求其放心”，即把丢失了的心找回来。儒、道、禅三家的思维模式，在本质上都是一致的，理学家们曾经把儒、道、禅三家的理论归结为一句话：“直指人心。”

二是非逻辑型，可以从传统的知识概念与范畴的整体性、模糊性和直观性中得出。整体性体现在中国哲学范畴和自然科学范畴等都具有整体性的特点，整体性是指概念或范畴的不可分割性、有机性和关联性。模糊性是指概念之内涵及外延的非确定性或含糊性。直观性说的是，中国传统的整体思维方式常常表现为概念过于空泛，认识不够精确，解释较为模糊。

（三）教育制度“求善”是本源

中国古代教育价值取向即为“求善”。在孟子看来，认识的先天能力包括良知、良能源于性善。“诚”是天之道，其中心内容是“善”；“思诚”是人之道，其中心内容是“明乎善”。科学技术一向为正统社会及上层人物所看不上。儒生们相信的是“万般皆下品，唯有读书高”，读书不读科技书籍，而要读圣贤的“经书”。儒家大力倡导“学而优则仕”“劳心者治人，劳力者治于人”，学生们想做官，成为“人上人”。作为大多数人的劳动者由于没有文化不能把技术抽象为科学，而掌握着文化的知识分子只是封建官僚的后备军，不屑于具体的科技知识。“主流学问”与实用知识根本无法结合，劳动实践与知识创造长期分离。

五、佛山家风家教文化的地域特点

佛山及其所属地区所考证的历史文献显示，具有不少的鲜明文化特点。因为本研究的主题是文化视角下的“佛山家风家教的文献研究”，这里要把区域文化特点聚焦于家风家教概念上；其余的佛山文化特点不在本研究范围之内，无须赘述。

（一）佛山地区的状元文化

中国的科举考试制度，是封建社会普通读书人走向仕途的唯一途径。从隋朝起到清朝光绪三十一年（1905 年）结束，考试前后施行了 1300 年。科举中经过乡、会、殿三级考试，层层淘汰后的第一名称为“状元”；每逢几年的大考，全国只取一名状元，可以想见考取的难度之大。对于“状元文化”，我的理解是，对本地社会代表着尚学崇文的社会氛围，对青少年学子反映的是刻苦攻读的人生追求。为什么说佛山的状元文化重要而有特点？那是由于从唐朝到清朝，广东省产生的 9 位文状元中，仅佛山一地就占了 5 位，这表明佛山在岭南文化中占有着非常重要的位置。在同一段历史时期，佛山还考中武状元 2 人，考取文进士 786 人、武进士 98 人，考取举人 3700 多人。1000 多年来，根植于佛山人民群众血脉中的“状元文化”一直散发着“潜移默化”的影响力。其影响主要体现在两个方面：

一个是对社会尚学崇文氛围的影响。从隋朝以后，佛山人逐渐开创了崇尚知识、学习知识和尊重知识的新风气，形成了地方进步的强大推动力。后来佛山在文化、经济等社会各方面加速发展，名列全国“四大聚”和“四大名镇”，是与尚学崇文的社会风气有着直接关系的。还有就是孕育了代代相传的各类名士大家。例如，在绘画大师中，出现了一批对岭南画坛有杰出贡献的人物。在文人墨客中，诞生了创建岭南诗风的“南园五子”“岭南三大家”等著名诗人。

另一个是对青少年刻苦求上进的影响。千百年来，在佛山地界广泛传诵着状元郎们奋力拼搏、最终高中的动人故事。名声远扬的状元村——黎涌村，曾产生过简文会和伦文叙两位状元郎。碰巧的是简家和伦家当年共饮同一口井水，同乡人称为“状元井”，一井滋养两位状元郎的佳话千古流传。状元伦文叙是在家境贫寒的条件下学有所成的，并且他与后人形成了两代进士。他的长子伦以谅会试中了进士，次子伦以训会试考了第一名（会元）、殿试考了第二名（榜眼），三子伦以诜会试中了进士，此家族成为街头巷尾的美谈。皇帝也曾经御赐玉旨在村里“南伦世祠”前面设立牌坊，上书“中原第一家”；伦氏族人在祠门前放置石刻对联，上联是“文章四海无双士”，下联是“翰院中原第一家”。小小黎涌村的文化氛围激励着许多后人秉承前辈，在尚学崇文的道路上奋发前行。

（二）佛山的海外求学文化

1. 海外求学的起因

咸丰十一年（1861 年），经过第二次鸦片战争战败的中国，国内维新人物痛定思痛，开始主张“采西学”“制洋器”以求中华富强。清廷设立了总理各国事务衙门，开始推行洋务新政。不得不顺应时代发展潮流，面向世界和走向世界。中国最早的留美学生容闳（1854 年耶鲁大学毕业），在 1870 年提出中国幼童留学教育计划，说服李鸿章和曾国藩奏请朝廷批准。1872 年包括南海学子詹天佑在内的 30 名幼童横渡大洋远赴美国留学。这是中国第一批学子集体留学的开端，此后国家公派或者家庭自行联系海外求学情况时断时续，由起先的鲜为人知，到一两百年之后，已经见怪不怪了。佛山的一些学子通过留学海外学习新知，学成之后在国内外取得了不少令人瞩目的成绩。

2. 海外求学的代表人物及作用

这里简要表述一下，几位佛山海外求学的代表人物。

(1)“中国铁路之父”詹天佑

詹天佑（1861—1919），南海人。自幼聪明好学，少年时就对机器十分感兴趣。1872 年，清政府选派第一批幼童赴美留学，那时国人疑虑很大。11 岁的詹天佑毅然报名，签订“生死状”后去美国读书。1878 年以优异成绩考入耶鲁大学土木工程系，专攻铁路工程。1881 年，他以第一名的成绩毕业，获得学士学位。1892 年，国内铁路修到滦河，要造一座横跨滦河的铁路桥，英国、日本和德国的一流工程师都失败了，詹天佑不惧艰难险阻，采用中国传统打桩方法，建成了滦河大桥。1894 年，英国工程研究会选举詹天佑为该会会员。

1905年，清政府任命詹天佑为总工程师，负责修建京张铁路（北京—张家口）。外国的著名工程师认为路段险峻、工程艰巨，都不敢接手。詹天佑带领中国技术人员和工人克服千难万险，创造性地设计了“之”字形轨道线路，解决了地势险陡、坡度过大等难题。1909年8月京张铁路胜利建成，比原计划的六年时间早了两年多，又节约了28万两银子，创造了世界铁路史上的奇迹。

（2）刚正不阿关肇直

关肇直（1919—1982），祖籍南海县吉利乡桥东村。其父关葆麟早年留学德国，回国后任铁道工程师，其母陆绍馨毕业于北洋女子师范大学，曾任教于北京女子师范大学。关肇直从小就跟父母学习德语和英语，早年的德、英语言熏陶为他日后再掌握法语、俄语和西班牙语等外语打下了坚实的基础。11岁时父亲因病过世，生活重担落在母亲一人身上。但母亲非常重视孩子们的学业，让他们个个读书成才，关肇直一直非常孝敬她。

在燕京大学数学系读书时，关肇直涉猎广泛，博学多才，往往语出惊人，深得同窗们的敬佩，被称为“关圣人”。1941年他毕业留校任教，曾因“读书与救亡运动”题目与校务长司徒雷登公开辩论。司徒雷登欣赏其才华，两次推荐他去美国留学，关肇直谢绝了，还谴责美国的对华政策。

1946年，关肇直到北京大学数学系任教，后赴法留学。1949年新中国成立，急需人才。关肇直毅然放弃了在法国获得博士学位的机会，束装回国服务。1952年，他参与筹建中科院数学研究所，曾担任党委书记、副所长等职务。1981年被选为中国科学院数理学部委员（科学院院士），成为中国数学和系统科学主要学术带头人之一，主编了《现代控制论》丛书，先后出版了近20部相关专著。

（3）忧国忧民岑可法

岑可法，1935年1月出生于南海县九江镇南方乡。九江素有儒林之乡的美誉，其父岑藻芬早年留学法国，是晚清放眼世界的有识学者。岑藻芬学成回乡时，地方政府还为其举行隆重的仪式——走“三元桥”，以彰显其才学地位，弘扬儒林之乡崇尚教育的风尚。岑可法出生不久抗日战争爆发，因为父亲在大学任教，全家都跟着学校师生逃难，辗转澳门、韶关和乐昌等地。岑可法在颠沛流离中度过童年，没读过完整的小学，只能在逃难途中由父亲的学生们零散地教授知识。

1956年，岑可法以优异的成绩毕业于华中工学院（现华中科技大学）动力系，被选送到苏联留学。在专业选择上，他毅然选择了冷门学科——煤的燃烧。出国前，留学专业指导教授、“中国动力学之父”钱伟长问他为何不选核潜艇等尖端学科，岑可法回答：中国是产煤大国，煤关系着国计民生。钱伟长赞许地说：“这个专业很需要，我支持你。”1962 年岑可法毕业于苏联莫斯科包曼高等工业学院动力系，荣获副博士学位。

在随后半个世纪多的科研生涯中，他带领自己的团队在能源领域将很多“不可能”变成了“可能”。20 世纪 70 年代，美国的科学家搞出了“水煤浆”，可以替代燃油，向中国开出几千万元的转让费。这极大刺激了岑可法。随后他夜以继日地研发，1982 年终于研究成功。在 20 世纪八九十年代，水煤浆技术每年为国家节约替代燃油 250 万吨，相当于节省 50 亿元人民币。他在完成“点煤成金”项目后，又开启了“变废为宝”的科研，即提取垃圾能量、麦秸燃烧发电，以及藻类提炼生物柴油等研究，均取得了重大突破。1995 年，岑可法当选中国工程院院士，他致力于煤炭分级利用多联产等前沿科学的研究，为中国新能源产业发展做出了突出的贡献。

记者曾问：“岑院士及其科研团队是如何寻找源源不断新课题的呢?”岑可法明确地说：“国家和人民的重大需求，就是我的立身之本。”

（4）拳拳赤子萧荫堂

萧荫堂出生于 1943 年 5 月，祖籍南海狮山乡坑田村。其父萧学洲早年在广州经营棉纱布匹生意，他只读过私塾，但智慧而自信，每逢儿子萧荫堂学习遇到困难时，他简短深刻的话语总能给予启迪。萧荫堂在广州度过童年，在西关培英小学接受启蒙教育，后来被送到澳门求学。小学毕业后考取香港培正中学，虽然毕业成绩优异，却因受家庭经济条件所限无缘去美国留学。但他还是获得了香港政府奖学金，入读香港大学。

1963 年，20 岁的萧荫堂获香港大学学士学位，经数学系主任推荐去美国明尼苏达大学留学，第二年获得硕士学位。又经几何学大师卡拉比推荐，到普林斯顿大学研究分析多元复变函数论，并攻读博士学位。1972 年升任正教授，1996—1999 年担任哈佛大学数学系主任，是首位担任此职务的华裔。2002 年，萧荫堂当选美国科学院院士。

萧荫堂曾获 Bergman 奖，还获得了美国分析多元复变函数方面的杰出贡献奖，彻底解决了“Harvery - king 关于 Lolong 数的猜想”。1998—2000 年曾担任美国国家科学院的全国数学委员会主席。他的主要研究方向是多元复分析和复几何研究，是国际复分析领域的学术带头人之一，曾解决了不少重要问题，并首创性地通过使用层理论、偏微分方程与微分几何开拓了若干新的研究方向。在他获得博士学位后的最初五年里，主要研究跨越解析集的扩张解析层问题，解决了一系列的难题。

萧荫堂是我国改革开放后最早回祖国讲学的华裔科学家之一。他 3 岁时曾回过南海狮山老家，在香港培正中学上学期间也曾和哥哥一同回广州参观苏联举办的展览，第一次见到了电子显微镜。到了 1979 年，萧荫堂应邀回国访问，在北京做了数场学术报告，受到了方毅副总理的接见。2004 年 6 月，中国科学院第十二次院士大会上萧荫堂被推选为中国科学院外籍院士。

萧荫堂和夫人、哥伦比亚大学社会工作博士黄秀芳女士，教子十分有方。两个儿子萧宇澄和萧宇浩相继出生于萧院士在耶鲁大学任教期间。1978 年萧荫堂认为加利福尼亚州各阶层皆有华人活跃其中，孩子们在成长中可以全面了解美国全境华人景况，刚好有斯坦福大学相邀，因此举家西迁。在夫妇俩的精心培育下，两个儿子分别获得哈佛大学学士和硕士学位，他们博学多才，事业有成。

3. 海外求学后的效果

从如上的人物事例可以看出，一些佛山学子远渡重洋留学海外，学习效果是非常明显的。由于种种原因，我们国家的学术水平、科研条件以及师资方面还有明显差距，正是通过学人之长、补己之短，祖国的经济建设和科学技术才能显著提高，这就是明智之举，也完全符合国家改革开放 30 多年来一直坚持不动摇的对外战略思想。因此，我们说海外求学是佛山家风家教文化的一大特色，今后应当继续坚持并发扬光大。

（三）佛山的尚武文化

中华武术是一种格斗防卫技术，有几千年的发展历史了。最早的中国典籍《诗经·小雅之什》中有“无拳则无勇”的结论，《周礼·月令》叙述了“遵命讲武，以弓或角力练习”的情景。在近现代由于战祸等原因，传统武术的中心逐渐由中国的北方向南方转移，佛山逐步成为明清及近代中国的南派武术中心，形成了本地区延续几百年的尚武文化。在传统的中华文化学习和传承上，青少年的主攻方向存在崇文和尚武两个方面，尚武也是佛山文化的一大特色。作为岭南“武术之乡”的佛山，在明朝和清朝都产生过武状元。明朝崇祯十一年（1638 年），顺德的朱可贞中武举，成为广东第一位武状元。清朝嘉庆六年（1801 年），南海的姚大宁也考中武状元。这两位武状元无一不是自幼将武术作为主攻学习方向，最后成为武家翘楚的。

我们可以看看佛山几位典型武术大师家风家教的情况：

1. 洪拳大家黄飞鸿

黄飞鸿的祖父黄泰，南海西樵山禄舟村人，大洪拳第一代俗家弟子洪熙官的传人。他将洪拳传给了儿子黄麒英，黄麒英发扬光大了洪家拳，武功高强，同时医术出色，被誉为“广东十虎”之一。黄飞鸿 6 岁开始随父习武，16 岁因战胜佛山知名武师郑大雄而一鸣惊人，同年自设武馆授徒。他是把南少林大洪拳经六七代传人后发扬光大的集大成者，经学习、改造和深化，终于成为一代洪拳宗师。

2. 蔡李佛拳著名传人陈盛

蔡李佛拳的始祖是新会人陈亨（1806—1875），他和小同乡张炎相互倾囊教授各自功夫，共同整理蔡、李、佛三家拳法，形成了自创的“蔡李佛拳”。陈盛（1864—1926），佛山三水人，多次与张炎比武落败才投师于张炎，最终尽得真传。陈盛是成就最大的衣钵传承人，他在三水、佛山、广州和香港等地设馆授徒。仅在佛山白金街、万安街和大桥头就开设了 13 间武馆，直接收徒 3000 多人，加之省港各地已超过万人。

3. 咏春拳一代宗师叶问

在咏春拳的发展史上有三个标志性大家，他们是“岭南咏春拳王”梁赞、一代宗师叶问和“世界功夫之王”李小龙。

梁赞（1826—1901），祖籍鹤山古劳乡东便村，世居佛山清正堂街。幼年时在佛山筷子里父亲开的“赞生堂”药店学习经营。他无心向学，天天舞枪弄棒、拜师学艺。父亲随其兴趣，见梁赞悟性很高，即重金延聘高手住家传艺。梁赞终于在咏春拳上结出硕果，被后世咏春各派尊为第一代祖师。

叶问（1893—1972），祖居佛山罗村，父亲移居佛山桑园，产业做得很大，一家人生活优裕。叶问幼年体弱多病，见到租其宗祠设武馆的陈华顺，就迷上了咏春拳，成为陈氏关门弟子。从 6 岁起叶问跟师父学习，陈华顺临终前将他托付给大弟子吴仲素继续学业。1908 年后叶问又师从香港的梁璧，学了四年，功夫大为提高。以后返回佛山与同门继续切磋武艺，声名大振，他与阮奇山、姚才并称“咏春三雄”。

1949 年叶问到香港以授武为生，多处开设武馆，1966 年成立“咏春体育会”。他是咏春拳从佛山传播到香港以至海外的主要元勋。

4. “世界功夫之王”李小龙

李小龙（1940—1973），祖籍顺德均安。其祖父李震彪是佛山一家镖局的著名镖师，其父亲李海泉自幼定居佛山，从粤剧名伶学艺，成长为粤剧“四大名丑”之一。李小龙 7 岁向父亲学太极拳，15 岁投师叶问学习咏春拳，努力学习不辍。叶问曾回忆，一般人一周甚至一个月的练拳时间，比不上李小龙一天的练拳时间。

李小龙 1962 年在美国大学毕业后，开设武馆“振藩国术院”，创造了世界武术收费之最，而登门拜师者络绎不绝。连世界拳王阿里也登门求教，各类拳击冠军、好莱坞名人都来拜师。他不仅是世界公认的“世界拳坛超级巨星”“功夫之王”，美国、欧洲、日本等国家和香港地区的期刊还将他称为“发扬中国功夫最成功的人”。

尚武可以说是佛山重要的地区文化元素，西方发达国家以及港澳台地区主要是通过功夫知晓、感受和认识佛山的。1933年香港第一部黄飞鸿纪实小说《黄飞鸿别传》面世，此后海外的佛山籍人士出版了多部描写黄飞鸿的小说。从1949年至今的60多年里，持续不断地拍摄出100多部黄飞鸿主题电影，这创造了世界电影历史上的奇迹。20世纪末以来，内地和香港地区还拍摄了13部344集以黄飞鸿为主要角色的电视连续剧，堪称武功电视剧的鸿篇大作。这些电影、电视剧早已走向海外，为世界人民认识佛山立下了汗马功劳。

由佛山起家并发展的蔡李佛拳，是中国各种拳派里种类最浩繁、体系最庞大的拳种。其最具代表性的武馆鸿胜武馆从1839年至1949年被解散时，历时110年，是中国当时最大和历史最久的武馆。现在，在美国、加拿大、英国、澳大利亚、爱尔兰、南美洲、菲律宾、马来西亚、新加坡等国家和地区，以及港澳台等还有鸿胜武馆几十家，可见武术对佛山文化和品牌的传播作用之大。20世纪六七十年代，顺德人李小龙在香港和美国被誉为武影双栖“功夫之王”，在世界范围内掀起了学习中国功夫的高潮，岭南粤语中称呼武术的俗语“功夫”，成为英语里中华武术的专有名词。

第二节　西方主流文化概念及文化现象

一、西方主流文化概念

19世纪的英国人类学家泰勒是世界上首个为文化下定义的学者，他提出："文化或文明，就其广泛的民族意义来说，乃是包括知识、信仰、艺术、道德、法律、习俗和任何人作为一名社会成员而获得的能力和习惯在内的复杂体。"

分析起来，泰勒给出了文化的三个特征：一是不属于生物遗传，不是人类的先天本能，具有人工习得的特点，是后天学到的。二是文化具有社会性，不为某个人所独有，而隶属于社会群体。三是文化是个复杂的整体，整体性和结构性是它的主要特点。文化不是若干孤立要素的简单堆砌。

美国塞缪尔·亨廷顿和劳伦斯·哈里森等人合著的《文化的重要作用：价值观如何影响人类进步》（2010）中阐明："文化"一词在不同的学科中和不同的背景之下有着多重的含义，常常用来指社会的"高文化"，也指一个社会的全部生活方式，包括价值观、习俗、象征、体制及人际关系等。

关于文化的地位，丹尼尔·帕特里克·莫伊尼汉指出："保守地说，真理的中心在于，对一个社会的成功起决定作用的是文化，不是政治。开明地说，真理的中心在于，政治可以改变文化，使文化免于沉沦。"

我们认为泰勒给出的文化概念与首都师范大学魏光奇教授给出的文化概念有异曲同工之妙，这里就不再分析其他西方学者对文化的定义了。

二、西方文化起源

说明和分析西方文化的起源，应当从商业文明、公民城邦和因果思维三个角度来考虑。[①]

（一）商业文明是西方经济的初始形态

前面我们曾经说过，水源是星球上一切生物生存的充要条件。古希腊

① 陈坤林，何强．中西文化比较［M］．北京：国防工业出版社，2014．

是欧洲精神的故乡，西方文明的发祥地是地中海中部爱琴海的克里特岛。大约公元前3000年，用作农耕和畜牧业的克里特岛土地日益紧缺，迫使多数居民以从事渔业为生，同时开展海上贸易。

公元前2000年，克里特岛迎来了米诺斯文明时代，大批人口集中的城市诞生了，开始出现从事工商业经济的城市文明萌芽。后来随着社会的发展，希腊的氏族和家族解体，大家族和家庭开始了分家运动，到别处去开拓殖民地，设立新的商业城邦，展开新式的生活和作业。经商、航海和做工等成为平民主要的谋生手段，当时的主要产业是制陶、航海、纺织等，重要产品有葡萄酒、橄榄油等。

后来的罗马帝国在公元前1世纪—公元5世纪继承和发展了古希腊文化，创立了适应私有制与简单商品经济的“罗马法”，为近代西方商业文明奠定了坚实的基础。

（二）公民城邦社会是西方政治的初始形态

在古希腊社会，相对集中的商品生产和经营，打破了家庭独立生产体制，个人取得了独立的经济和政治地位，商品经济诱发着平等和民主的意识，以地缘政治为基础的希腊城邦公民社会，成为奴隶主阶级民主政治的基础。

当时城邦生活的一个特点是，那些组成城邦的公民，不论他们的地位、出身和职务有多么大的差别，从某种意义上来说大家都是“同类人”。在西方古代历史的发展中，在万众之上的统治者依然要膜拜法律，因此民主政治和法制观念在西方源远流长。

（三）因果思维是西方文化的初始形态

西方的商业文明孕育了那里先民的因果逻辑思维。西方海洋民族的原始生存条件与中国大陆民族的相比，要严酷得多。经商要穿越高山峻岭，航海要战胜狂风恶浪，随时都有生命危险。还有，生意场的凶残、市场行情的激烈变化和竞争对手的明争暗斗等，都伴随着不少意想不到的风险。加之人类和自然关系的不稳定性，迫使西方的先人们去追寻“变”与“不变”的本源，万事皆有因果之分，因此产生了人们的因果思维方式。

因果思维是一种理性思维方式，它将复杂事物的整体还原为部分，以寻找其特定因素。它是把变化发展中的事物固定在一瞬间，将它作为具体的研究对象，以提高分析的准确性。再有就是建立了逻辑认识体系，使用定义、判断命题、公理和形式逻辑，从已知现象推出未知本质。因果思维方式的确立，成为西方强烈的科学传统，对人类文明的进步和发展发挥了巨大的作用。

三、西方文化精神

阐述西方文化精神可以从人与自然的关系、人与社会的关系和人与自身的关系三个方面来展开讨论。

（一）人与自然：物我两分，征服自然

西方文化精神认为，人与自然的关系从来都是尖锐对立的。

在商业文明时代，西方的先民总是从人类的角度去强迫大自然，致使人类和自然界经常处于紧张状态。生存的本能要求人们全力应对大自然，逐步形成了西方的“物我两分，征服自然”的理性思维和世界观。

例如提出“知识就是力量”的英国学者培根，率先主张作为主体的人类需要主动征服自然，让其服从于人类。近代西方兴起的自然科学作为人类知识的典型形态，成为人们征服自然、改造自然的巨大推动力，成就了西方物质文明的巨大进步。

需要注意的是征服不可过度，过度则变为掠夺，生态环境一旦被严重破坏，就会遭到大自然的“报复”，比如当代的全球变暖、酸雨和沙尘暴等异常现象频繁出现。今天的人类已认识到要与自然环境友好，应当善待我们的家园——地球。

（二）人与社会：崇力尚争，人我两分

西方文化精神认为，人与社会的关系应当是崇力尚争，人我两分。

作为西方文明源头的古希腊神话描绘了许多斗争性和残酷性的故事，反映出西方文化崇尚斗争和竞争的历史传统。这种传统不只是体现于军事和政治领域，也体现在经济和商业领域。比如亚当·斯密提出自由竞争的市场经济理论，主张严厉禁止政府插手市场，市场背后有一只“看不见的手”在自动调节市场的平衡。

城邦的商业文明使人成为具有政治地位和独立经济的自由人，商品经济社会是主张“个人本位”的社会，商品交易的平等性诱发了人们平等、自由和民主的独立个性，人人都有独立存在的价值，都有争取个人利益的权利，这样就逐步积淀了西方“崇力尚争，人我两分”的民族文化性格。

（三）人与自身：灵肉两分，情理两分

西方文化精神认为，人与自身的关系应当是灵肉两分，情理两分。

在西方先人看来，人是灵肉两分的，人的情欲是有罪和堕落的。人类有自己的“原罪”，只有不断地忏悔，从肉体向灵魂升华，才能得到上帝的宽恕。

灵肉两分的理念出自西方的二元哲学。二元哲学是近代西方哲学的主导性思想来源，它主张主体和客体、思维和存在、精神和物质、现象和本体的二元对立。该学派的代表人物是古希腊的大思想家、教育家柏拉图。

“情理两分”是“灵肉两分”观念在西方民族文化性格上的体现。西方人在工作上有很强的敬业精神，但玩起来也很忘情。例如近代社会的狂欢节，源自于先人们粗野、狂放、无节制感性行为宣泄的“遗传”。还有与其刚好相反的一种方式，即使用“精神沉醉”，通过禁欲对精神世界宇宙本原忘我的追求，以实现精神的解脱和升华。这两种行为模式的对立，反映了早期希腊人感性和理性的冲突，形成了现代西方民族的外向型人格特征。

四、西方科学与教育文化

思辨理性是西方科学文化的主要特点。运用抽象符号、建立公理公式、寻找纯粹方法、致力于理论体系的建构，成为西方文化思维方式的主要表现。

（一）知识价值在于思辨

首先，思辨理性具有超越性。它具有超越实际、脱离具体目标而趋于纯粹认识的指向。

古希腊人关心自然、探索自然，提供了很多自然界的答案。可他们的着眼点不是考虑给日常生活带来益处，而是心智所然、兴趣所然，是希腊哲人精神生活的一部分。例如柏拉图认为亲眼所见、亲耳所听都未必是真实的，只有经理论推导而产生的才是真实可信的。古希腊的科学与哲学从现象追寻本质，从众多中寻找唯一，完全具有纯粹认识的趋向。

长于理性思维的希腊先人将古埃及发达的几何学、医学和古巴比伦发达的天文学吸收过来，加以整理成专门的学科，并且规范化，使其达到了全新的水平。

其次，思辨理性还具有科学性。它刻意于为认识而认识，注重方法的寻找和理论体系的搭建。

古希腊的亚里士多德既是科学家又是哲学家，他不但构建了庞大的哲学体系，而且建立了一套系统的科学方法。在 17 世纪产生了认识论和方法论的两大流派，两派学者的奋力探索，形成了独立的科学思维，促进了方法论的觉醒与革命，激发了当时科学的理性主义精神。

（二）认识途径主要靠逻辑

在认识途径方面，西方文化是通过严密的逻辑推理来获得和传递可靠、精确、稳定的知识，注重规则的严密，体现着思维的逻辑偏好。

西方的逻辑理论能做到，从一个真实的前提推出一个未知而真实的结论，只要遵循推理的规则与步骤就可以做到这一点。借助于这个方式，人类能够做出超越经验的认识，使已有的知识得到积累和扩展。

与推理、分析式的逻辑思维相配合，精确是西方文化的另一特色。西方文化重视数学和逻辑，因而具有精确的性质。

通过如上罗列，我们可以说西方文化崇尚科学和理性，注重思维活动的明晰性、严格性和确定性，注重思维程式的数学化、形式化、公式化和符号化，注重语言的逻辑性。

（三）教育制度“求真”是根本

西方古代教育价值取向为“求真”。西方文化由“天人两分”必然得出其以追求真理为最高目标。认识自然的目的在于探求真理，以便引导人们去改变自然和征服自然。

西方文化中，真高于善，善要服从于真，或者说是在真的基础上求善。古希腊早期哲学只涉及自然本体，只关乎真，不涉及人类的德行即善的问题。

例如，亚里士多德对自然的精确认识是立足于对真理的认识，“适中”之美德源于“真”，源于对自然的精确把握。

西方文化真高于善、善必须基于真的格局一直延续到近现代。

第三节　中西文化重点要素对比及取舍

一、“和合”与“纷争”的对比

“和合”是中国文化的基因，“纷争”是西方文化的基因。中西先民们由于自然条件的差异、生存方式的差异、生活环境的差异，使中西文化走上了截然不同的道路，决定了各自文化的基本精神：基本价值取向、基本思维方式。中国先民农耕文明的群体生活方式，决定了其基本精神是“和合”；西方先民商业文明的个体生存方式，决定了其基本精神是“纷争”。“和合”是中国人的基本思维方式和基本价值取向，“纷争”是西方人的基本思维方式和基本价值取向。

二、“群体”与“个人”的对比

中国文化把人看成是“群体人”，西方文化把人看成是“个体人”。中国文化中的“人”是一种群体的存在，人只是通过建立君臣、父子、夫妇和朋友等社会关系和他人融为一个群体，才算是个“人”。人不是天生的，要通过“做”，与他人融为一体，成为群体人。西方文化将人看成是个体，注重区分人的“自我”和角色，角色是指父母、儿女、员工和领导等。人除了社会角色外还是他自己，有自己的思想、性格和行为习惯等等，这就是人的“自我”。

三、“重术”和“重学”的对比

中西方在科学理论、技术手段和生活方式上的差异在近代以前已经是非常明显的了，差异来源于两种不同的文化价值和思维方式。中国文化的目的在于回答事物现象是“怎么样的”，关注的是事物的功能。西方文化在于回答事物的本质“是什么”，专注于揭示事物的本质。中国文化着重于应用技术，西方文化着重于理论科学。中国教育重视求善，西方教育重视求真，中西方科教文化的差异，对双方科技发展产生了重大的影响。

四、怎样正确对待中西方文化的差异

从历史的角度分析，在古代中西方文化的起始期，文化之间差异巨大。但是到了21世纪，中西方文化的差异已经明显减小。这是因为人类进化的几千年来，全球各民族相互学习、相互借鉴和相互融合，经过“西学东渐”和“东学西渐”，逐渐走向“我中有你”或“你中有我”的长期渐进的过程，尽管中国文化和西方文化还存在着差别，但是继续相互靠近和融合是主要趋势。因此我们既要保持中华民族的文化精髓，也要敞开心扉接受西方文化的精华，这才是国人正确的心态。

第二章

佛山家风文化及评析

第一节　国内家风含义和对家风的解读

一、国内家风含义的认识

中宣部领导在2014年召开的全国未成年人思想道德建设工作电视电话会议上说过，家风是一种无言的教育，润物无声地影响孩子的心灵。家长们都希望孩子健康成长，但有的家长不知道怎么教育孩子，抓家风教育是一个很好的途径。

那么到底应当如何理解家风的含义呢？国内专家学者的认识不一。这里列举一些典型的观点，供大家参考。

香港啊嘛呢国际文化传播有限公司总裁、社会学家杨安先生提出，家风是我们祖先留下的财富。祖先把家风总结为五常八德，五常为仁、义、礼、智、信，八德是忠、孝、仁、爱、信、义、和、平。五常八德是中国现代家风的历史根源。杨先生对现代家风的释义是“给家中后人们树立的价值准则”。

中国著名家庭教育专家、北京师范大学赵忠心教授认为，家风是一个家庭或家族在长期生活中，逐步形成的被家庭、家族成员认可并共同遵循的生活方式、生活习惯、思想作风、审美观点、价值取向、精神追求等方面的总和。

《好家风成就好孩子》一书的著者潘鸿生先生给出的概念是：家风又指门风，是一家或一族世代相传的道德准则和处事方法。

儿童心理教育专家何凤娣女士的解释为，家风是一个家庭或一个家族传统的风气、风格与风尚。

我们可以注意到，如上专家学者对家风所下定义有些共同的特点：

1. 家风的源头是来自一个家族或者一个家庭；

2. 家风是历史性的产物，经历了长时期的凝练和形成过程；

3. 家风是精神层面的东西，是习惯、作风、观点和规则等。

笔者认为北京师范大学赵忠心教授的定义比较完整，相对准确。但这并不认为其他学者专家给出的解释有错误，只是专家学者们各自关注家风的角度不同而已。

二、国内对家风重要性及作用的解读

我们注意到，2001 年中共中央下发的 15 号文件《公民道德建设实施纲要》中指出，家庭是接受道德教育最早的地方。高尚品德必须从小开始培养，从娃娃抓起。要在孩子懂事的时候，深入浅出地进行道德启蒙教育；要在孩子成长的过程中，循循善诱，以事明理，引导其分清是非、辨别善恶。要在家庭生活中，通过每个成员良好的言行举止，相互影响，共同提高，形成良好的家风。

随后，专家学者有关家风的言论和专著逐渐出现和增多，相关期刊论文和报纸文章不时映入眼帘，对家风的作用和重要性认识也在不断深入。

本研究认为，家风的作用和重要性可以从如下几层含义来探讨：

1. 对社会和国家

家庭/家族对社会和国家而言，应当是最小的或者说是基本的社会单元组织，家庭/家族与社会和国家关系密切息息相通，千千万万社会单元的家风如何，直接关系到社会风气的走向和建设。如果大量社会单元的家风优良，会对社会的风气产生正面的、积极的作用；大量社会单元的家风败坏，会对社会的风气形成负面的、消极的作用。

2. 对于家庭或家族

作为“文化”现象，家风跟器物一样，是可以传承的，由上一代传给下一代，一代一代不断传递、延续，逐步形成相对稳定的、特定的风俗、习惯、作风或传统。在这个传递的过程中，随着社会的变迁会有所“变异”，但基本的、核心的东西是不会改变的。

家风如何，也预示着家庭/家族将来的成败与兴衰。这也关乎其树立怎样的社会形象，能否赢得社会的尊重，得到外部有益的评价和威望。只有家风优良才能获得广泛的人脉和良好的口碑。

3. 对于家庭或家族的子女

家长在日常生活习惯中惯性的言谈举止，树立了特定的家风，孩子在这种特定家风的熏陶下，会有潜移默化的影响。这其中，模仿起着重要作用。不管家长是否意识到自己的言谈举止会对孩子产生某种性质的影响，孩子都在模仿。孩子的行为习惯折射着家长的人格和行为习惯，是父母的一面镜子。

父母是孩子的第一任老师，孩子日后成为什么样的人，有什么样的喜好，以及他的性格特征和思辨能力，可以说跟家风有很大关系。家长的言传身教、一言一行，对孩子有耳濡目染的熏陶作用，这种潜移默化的影响是家庭教育的基本方式，它甚至比学习教育、社会教育要强烈、深刻。

4. 对于家庭或家族的成年人

“家风”对家庭成员来说，就好比物理学中的“磁场”，每个成员生活在其中，其思想行为，必定要受到“磁力”的制约。长期生活在一个特定的家庭，耳濡目染，潜移默化，必然会不知不觉地受到家风的影响和熏陶，其言行举止、性格气质，必定带有这个家庭家风的特征，并自觉不自觉地朝着家庭所希望的方向发展。

家风往往决定一个人的处事与做事的态度，甚至会影响一个人的一生。家风的优劣，会显现于一个人的世界观、人生观和价值观，会左右其工作能力的正常发挥以及人生道路的选择，会影响他的工作作风，乃至影响到他的整个人生。

综上所述，一个家庭/家族的家风所产生的作用和影响是多方面的，从家庭到社会以至于国家，既关系家庭/家族的兴衰成败，又影响社会的文化和风气，还关乎国家的风尚与文明，因此说家风问题必须得到重视，应当注重塑造和传承。

对于一个家庭来说怎样才能培养优良的家风呢？

北京师范大学赵忠心教授提出：

第一是父母要立足家庭，面向社会。

这不是口号，是行动指南。虽说家庭是相对封闭的社会组织形式，但家庭跟社会总体上还是息息相通的，孩子们长大都要进入社会，融入社会。因此要培育家风，就必须了解社会的发展趋势和对未来成员的要求，使家风既有家庭的个性特征，也具有时代特征，以适应社会的需要。

第二是父母要加强自身修养。

家风的决定者，或者说是起决定作用的还是父母。有什么样的父母，就有什么样的家风。家长的自身修养非常重要，要把孩子培养成为什么样的人，父母必须首先尊敬和赞成这样的人。这不是简单的认知问题，而是父母的人格和素质决定家风的取向，自然也会决定孩子的发展方向。

第三是利用家庭集体力量教育和影响孩子。

所有家庭成员要统一思想、行动一致，每个家长都不能放任自己，谁也不能迁就孩子。也就是说，教育孩子不能只靠某一个人，要依靠一种教育的整体氛围，而这个教育的整体氛围就是家风。

总之，建设有时代特点的积极的家风，一定要了解社会，研究社会。同时，还要提高分辨、识别、筛选能力，对待社会上的各种教育观念，应该有所选择、取舍。要时时刻刻坚持社会主流的价值取向，不能笼统地把社会上宣扬的东西都不分良莠地带进家庭。

实际上，本研究认为塑造和培育优良家风还需要做如下努力：

从国家和社会层面需要大力号召和宣传家风的作用与重要性，充分弘扬正面典型。从一个家庭/家族的长者角度要率先垂范以身作则，以实际行动为其他成员“打样”，才能以表率作用带动大家。

从家风的角度考虑问题，首先要从思想上明辨是非，然后是以实际行动去践行。只明白事理不照做，其实与不明白差不多。

家风还有一个重要的思考，就是如何能够持续地继承和发扬。可能在一个家庭/家族的这代人家风良好，但不注意传承和接续，也可能出现失传的结局。继承是接续上一代优良的东西，发扬是要使家风增添时代的色彩，使它更加完美和丰满。

综上而言，家风的传承和发扬不是一件简单的事情，需要靠家庭/家族全体成员的共同努力，家庭成员的表现每时每刻都是在书写着自家的家风。

三、现实国内家风的误区与变革出路

从如上阐述可以看出，家风对个人、对家庭/家族、对社会和国家是多么重要。我们不可否认由于种种原因，现今国内对家风的认识呈现出比较严重的误区。

首先是不少中青年人忽视了家风的存在。

现在不少家庭，家庭成员是夫妻俩和一个孩，过平常日子，没感觉有什么家风存在。在前面我们总结家风的特点时曾经说过，家风是精神层面的东西，是习惯、作风、观点和规则等。对一个家庭/家族而言，不存在没有习惯、作风、观点和处事规则等精神层面的东西。不是有良好的家风就是有不良的家风，这也是不以人的意志为转移的，无论家庭成员是否意识到它的存在，还是是否重视或轻视它的作用。

一些人认为家风已经不合时宜，没有多大意义。

一些人认为，市场经济条件下，家风只代表着过去，不合时宜，早已失去了存在的意义。少数人的道德观发生了畸变，黑白不分，对错不知。情感冷漠、啃老有理、不劳而获和拜金主义明显侵蚀着人们的心灵。要是每个家庭正能量的家风消失了，家庭成员做任何事情都可以随心所欲，享受没有任何约束的自由，那么我们家庭的和美从何而来呢？我们社会的和谐又如何保证呢？

一些人觉得家风像个藩篱，是对自我个性的抹杀。

也有少数人觉得家风像个家庭的小规制，只能遏制成员的自由，限制自我个性的发展。这其实是对家风的误解，家风确实包含处事规则等，但并不限制家庭成员的个性和自由。你的自我个性发挥和要求自由是不能以牺牲其他家庭成员的利益为代价的，就像我们现代人驾车，无论你是谁都要自觉遵守交通规则一样，绝不允许有人再说“我爸是李刚!”。

关于国内家风现实的变革出路主要有以下几方面：

1. 党和政府要提倡重视家风，采取多种手段宣传和弘扬；
2. 专家学者要研究和整理我国古代家风之精华，不断向社会推荐；
3. 各级教育机构要鼓励学生推崇和践行自己的良好家风；
4. 每个家庭/家族都要自觉地培育和倡导优良家风。

我们认为，一个家庭/家族优良、健康的家风，是在家长的明确提倡下，经过全体家庭成员一代甚至数代的积淀和传承才能形成的。培育和倡导是个相当长期的过程，绝不是一朝一夕可以做到的。因此无论是佛山市委市政府、专家学者，还是各类学校以及每个家庭/家族，都应在充分认识家风作用和重要性的前提下，坚持持之以恒的思想动员和实践推动，才能使倡导和传承良好家风在佛山地区蔚然成风。

第二节　佛山典型传统家风

笔者利用不少的时间学习、归纳和研讨佛山地区古代的历史文献，认为可以从仁、义、礼、智、信、孝六个主要方面，来考察佛山传统家风情况。我们这里所说的“传统”主要指古代，个别也有近代的。需要明确指出的是，这里不涉及“传统”一词本身的准确定义，这一点务请读者理解。

一、仁

中国古代对于“仁”的含义有多种理解。

在古代，孔子认为“仁”的基本含义是“爱人”，孟子则说是“恻隐之心”。《说文解字》中把“仁”解释成人和人之间的相互亲爱的关系。

在现代，人们通常认为，考虑问题、说话和办事，要为对方、为他人着想，就是“仁”。而与“仁”相反的行为就是“自私”。

实际上，在中国无论做长辈或做小辈行为仁义，为公益事业慈善义捐，以至于古代皇帝以仁治国、官员以仁为吏等行为都可以归结为“仁”的表现。

（一）为民办实事的佛山古代官员

1. 兴利除弊，发展生产

庞上梓，生卒年不详，字峰樵，佛山人。顺治十四年（1657 年）任贵州开州县令，开州地处边地，过去在渡口设站收费，商人不愿来，商贸不振，地方益贫。庞上梓将收费站取消，使开州商贸逐渐兴旺。后奉令任瓮安县令，该县属播州（遵义）管辖，开发较晚，百姓十分贫困。庞上梓坚持予民休养生息，少收赋税，少征徭役。数年间，民气逐渐恢复。

朝廷要在全国清丈田亩，民间传说要加大征税和摊派，人心惶惶。他即找巡抚说明瓮安的情况，裁定费用，不多增分毫，妥善解决了问题。由于政绩突出，庞上梓被上报为“循吏”，提升为湖广荆门州知府。有次因事赴省城，突发兵变事件，附近州县风声鹤唳。他换上便服冒险出城赶回荆门，召集民兵修缮城垣，加强防守。事定后，因年老辞职归家，士民追送数十里外。在家乡，广东主考官闻其贤，在庞上梓家门上题写“楚西良牧”。

2. 心系百姓，清正廉洁

陈克侯，生卒年不详，字士鹄，顺德古朗人。明嘉靖三十七年（1558年）考中举人。隆庆元年（1567年）被选派为福建闽县教谕，后历任知县、知州。陈克侯任永福知县时，正值大灾之年，田园荒芜，民有饥色。他千方百计进行赈灾，日夜奔忙，使灾民渡过难关，得到百姓的称赞。在治理方面，他严惩害民的吏目，查禁敲诈勒索行为，人民得以安居乐业。

陈克侯任云南腾越州知府时，该州矿产丰富，人民多以采矿为生。可一帮外来匪霸盘踞矿山，陈克侯采取各种措施，收回矿山，让州民复业。当地发生地震，数百矿工被困矿洞深处，他亲自到现场抢救，下令“救得一人，赏银三两”，将矿工全部救出。

腾越州位于边境，西距缅甸百余里，州内有个恶霸叫岳凤，经常勾引缅甸土匪入境打家劫舍，以前官府束手无策。陈克侯用计将岳凤生擒，押送省城。但大批缅寇骑马、赶象杀奔过来。驻州守将欲关门死守，陈克侯劝阻说：“关闭城门，我们当官的安全了，但老百姓不都遭殃了吗?”他以疑兵之计迷惑敌人，在城后山遍插旗帜，大开城门，让城外百姓入城躲避。缅寇涌至，见城后山大量旗帜隐现，不敢贸然进城。不久，明军大部队赶到，缅寇匆忙逃走。朝廷赏识他的才干，调他担任大理府丞，腾越民众舍不得他走，一再联名挽留。上级只好采取折中办法，让他一身兼两职。他为官清廉，本身兼“抚苗”职务，按规定每年有500两白银加俸，但他不接受。吏员们用黑泥把银锭涂成乌药形状，悄悄送给他的家人，陈克侯发现后立即如数退还官库。

3. 兴修水利，造福百姓

陈博文（1358—1416），字克济，南海九江人。明洪武二十八年（1395年），朝廷提倡兴修水利，陈博文经过细心勘测，设计了整治桑园围倒流港工程图纸，自费到京城向朱元璋上书请求修治。桑园围位于珠江三角洲中上游，跨南海、顺德两县，包括南海的西樵镇，顺德的龙江镇和勒流镇的勒北村、乐从镇的罗沙村，耕地二十多万亩，始修于北宋末年，“为广属中基围最大者”。到了明代，由于河床逐渐淤高，在洪水暴涨时围内积水无法排出，甚至洪水还从桑园围的倒流港逆灌而入，加大灾情。

陈博文设计的整治桑园围倒流港工程得到朝廷的批准，朝廷下令省县治理，并命他回乡主持兴修桑园围水利事务。他带领十八堡民众，挑土运石，艰苦奋斗，兴建了历史上著名的桑园围堵塞倒流港水口工程，把数十里长的堤围培厚加高，保护了南海、顺德、三水等地的民众和桑基鱼塘的安全。明太祖朱元璋授予“乃功”两字奖励这位治水功臣。十八堡民众在忠良山上修建祠堂，将“乃功”两字悬挂于祠堂，供后人祭祠。

4. 兴学教化，百年树人

黄衷（1474—1553），南海人，明弘治九年（1496 年）进士。明正德年间，在湖北知州、福建都转运使、广西督粮参政等任上，执法除奸，政绩突出。后调镇湖广，到任后首先惩劾查办了贪赃枉法的分巡和守备两个官员，使奸吏闻风解职而去。又修治了沔阳州龙渊、淦浪等堤围，保障农业生产和人民生命财产安全，当地士民立碑纪念他。嘉靖年间退职回家后，关心家乡教育事业，创办矩州书院，潜心施教，并著书立说，著述颇丰。

他特别关心广州与海外商人的往来。嘉靖朝实施“海禁”政策，浙江、福建两地市舶司被撤销，广州成为唯一通商口岸。黄衷在家乡与来往于外洋的舟师、舵卒、番客交往，常邀外来的人叙谈，并详作记录，后整理成《海语》一书。该书第一部分描述暹罗（泰国）和满剌加（马六甲）的社会和风俗习惯，有行政、婚姻、农工、商贾等情况。第二部分记录的是地区的特产，介绍了苏木、胡椒、象牙、犀角、荼蘼露、樟脑、燕窝、海鹤和伽楠香等。第三部分记述了沿途的险山恶水。其中描绘了万里石塘（西沙群岛）和万里长沙（南沙群岛）。这本杰作是鸦片战争以前罕见的记述外国史地的著作之一，是研究 16 世纪东南亚史地和南洋交通史很有价值的专著。

（二）梁发传播中西文化

梁发（1789—1855），出生于佛山高明西梁村，在中国近代史上有着广泛的影响。近代史学界研究表明，他是第一个创办华文报纸的人，《中国新闻事业通史》称他是“中华第一报人”。他是第一位刻印中文《圣经》的中国人，还是第一位华人牧师。他撰写的小丛书《劝世良言》，引发从未接触《圣经》的洪秀全创立了“拜上帝会”，掀起了轰轰烈烈的太平天国运动。他也是较早撰文呼吁禁食鸦片的人，并把撰写的《鸦片速改文》呈献禁烟英雄林则徐。梁发还和儿子梁进德一同提供大量有关西方“办工厂、造轮船、习科学”的资讯给林则徐及其幕僚，使林则徐等官员了解了国外情况，“师夷长技以制夷”。

1. 第一个创办华文报纸

梁发出生于劳苦的农民家庭，到了入学年龄还要在家照看比他小 5 岁的弟弟，一直拖到 11 岁才入村塾读书。这样一个没有条件读书之人，是如何走上传播中西文化道路的呢？

从表面上看梁发确实数次赶上了极为偶然的机缘，但实际上是他平时努力，具备了必要的技术和能力，才使这些机会转变成为打开人生成功之门的钥匙。

1803 年，在广州经营毛笔坊的六叔回乡扫墓，见 15 岁的梁发聪明过人，被人称作“梁氏神童”，就把他带回省城学手艺，这给了梁发第一个机缘。

他在广州给十三行印刷所送货，老板将其收为印刷学徒，使梁发获得了改变人生道路的第二个机缘。

梁发转到印刷所，仅一年多，已能把写字、雕版、印刷和装订书册等工序做得完美无缺，同行师兄弟和管账先生都称他为“高手”，这是梁发的第三个机缘。

1810 年，第一个来中国的英国传教士马礼逊要找印刷业高手刻印《圣经》，梁发刻制了《救世者言行真史记》（耶稣传）。该书出版不到两个月，马礼逊选中梁发及另外两位刻版工人远赴南洋开展传教工作，这是梁发的第四个人生机缘。

27 岁时，梁发在印刷业已有 10 年的资历和经验，浏览批阅了大量书报文章，他的中文功底已不可低估。梁发在办报前后，曾以“学善者”“学善居士”的名义写过不少文章。从南洋返回广州后，结集出版了《劝世良言》《救世录撮要略记》《真道问答浅析》等著作。后来有些学者推断，这些著作可能是先在《察世俗每月统记传》上发表，然后集结整理出版的。可以看出梁发既是刻报人，又是撰稿人，还是记者和编辑。《察世俗每月统记传》后期增加了英文版和马来文版。梁发把英文书稿中使用标点符号的优点，运用到中文书报的排版中，这比五四运动时代提倡使用新式标点符号，早了近 100 年，值得后人称道。

仔细审视梁发先生的经历，我们不难看出，他数次赶上了不可多得的机遇，但能成为“中国第一报人”，更为重要的是靠梁发的刻苦努力和勤奋好学，也因其敬业爱业，做一门精一门，以及他的肯专研、爱思考的优秀品质。

2. 第一位华人牧师

在主办《察世俗每月统记传》期间，梁发满腔热情地阅读《圣经》，逐渐成为一位热心的信徒，曾多次要求入教。1816 年 11 月 3 日，马礼逊的助手米怜博士为梁发举行了“洗礼”仪式，接受他为基督徒。此后，梁发成为一个基督教徒，直到 1827 年才被教会“按立”为牧师，这期间又经历了长达 11 年的培育、磨炼和考验。

梁发在 1820 年重返南洋，用半年时间挑灯夜战，完成了全本《圣经》的刻制。这被英国基督教公理会视为神圣的重大事件，马礼逊和助手米怜博士受到特别奖励。米怜认为第一部华文《圣经》的出版，梁发“功不可没”，于是向马礼逊写信，表达他对梁发所做贡献的评价，推荐教会把他

“按立”为第一个华人牧师。

1821 年，梁发从南洋回乡探望刚生完孩子的妻子，给孩子取名梁进德。他回乡做了两件很有意义的事：一是带了一批新出版的《圣经》——《新旧约全书》，以及几期新的《察世俗每月统记传》回国给马礼逊派送。二是说服妻子信奉上帝，为她举办了入教仪式，梁发妻子成为中国第一位女基督教徒。

1834 年，是广东三年一逢的大考之年，梁发把自己多年写就的 9 本小册子重新梳理，汇编到 1819 年撰写的《劝世良言》题目下，成为一册小丛书，到考场附近边讲演边派发。一位穿蓝布长衫的学生，在听梁发传道时频频点头赞许，这位青年便是花都人洪秀全，梁发把一册《劝世良言》递到他手里。这本布道书从揭发中国传统观念同现实生活之间的矛盾出发，宣扬基督教义，使洪秀全接受了基督教平等的思想，并利用其中关于“上帝”的神学观念，结合中国历代农民战争中提出的“平均”“平等”的口号，塑造了代表中国农民革命权威的“皇上帝”，创立了一个宣扬农民革命精神的“拜上帝会”，掀起了轰轰烈烈的太平天国农民运动。

梁发通过传道、出书、办报，积极倡导西方文化的自由、平等、博爱等理念，在近代中国社会转型发展中，做出了独特的贡献。

3. 最早反对吸食鸦片

1837 年，梁发在协助办理《特选撮要每月统记传》的同时，写出一篇论文《鸦片速改文》。研究梁发的专家学者认为，这篇论文是“梁发生命中一个耀人眼目的亮点”。

梁发在国内传教时，看到国人被鸦片毒害、倾家荡产、妻离子散的惨痛状况。后来到南洋，又看到一个远房亲戚吸食鸦片，后果惨不忍睹，梁发再次被深深触动。

1839 年 3 月林则徐视察沿江一带，顺便到博济医院看病。在诊治中与担任“驻院牧师”的梁发相见，谈到禁烟话题上，梁发将《鸦片速改文》呈献给他。林则徐被内容所吸引，觉得言之有物，喜出望外，连声说好。这篇论文给了当时操办禁烟、心急如焚的林则徐以极大鼓舞。梁发得逢知己，十分高兴，趁机向林则徐建议：可借即将开科考试的机会，在考生试卷中夹带试题，让考生把自己所知有关鸦片经销、贩卖、吸食之窝点，写在试卷上，以有助开展稽查。林则徐认为言之有理，即吩咐随从文书将建议记录在案。

后来梁发将年仅 19 岁的儿子梁进德送到林则徐帐下当翻译，梁进德每天把在澳门地区和印尼、马来西亚等地出版的英文报纸摘要译成中文，还按照当时“师夷长技以制夷”的口号，大量翻译西方“办工厂、造轮船、习科学”的报道，供林则徐及其幕僚参阅。还翻译一些世界地理、科技文化资料，让林则徐对国外情况有更多了解。《四洲志》就是梁进德受林则徐之命，翻译国外书籍、资料编著而成的。梁发也把在当年《察世俗每月统记传》登载过的科技文章提供给梁进德，转送给林则徐及其幕僚研究阅读，林则徐从梁发父子手中接触到了大量外国资料。

审视梁发在鸦片战争前后所思所虑、所作所为，处处显现出梁发满怀“国家兴亡，匹夫有责”的热心，这同他笃信上帝、博爱世人、诚心传道、当好牧师的品格一脉相承。人们赞赏梁发在200年前复杂国际形势下的博爱心肠，就难以再苛责他在帝国主义者面前有点幼稚和迂腐了。

（三）戴鸿惠一门五代从教

戴鸿惠，出生于清咸丰六年（1856年）。父亲戴其芬学识渊博，教子有方。胞兄戴鸿慈由解元考取光绪丙子恩科进士，走上仕途后官至尚书、军机大臣、协办大学士，清朝200多年来广东由军机入相者唯有戴鸿慈一人。

戴鸿惠则投身于教育事业。清末民初，他出任南海劝学所所长。19世纪20年代佛山开始有师范教育学校。1925年，佛山建成第一所师范学校，即佛山师范讲习所，校址在福贤路莺岗衙旁街，所长就是戴鸿惠。

师范讲习所有学员50人，学制两年，只办了一届。第二届办至1928年改为南海县立师范学校，校址迁至佛山城隍庙旁，校长戴翼丰是戴鸿惠的侄子。

戴翼丰出生于光绪十六年（1890年），16岁就读于广东公学，后考入广东高等学堂预科，继又升入广东高等学堂攻读理科。1912年起执教于澳门海镜中学。1916年协助其父修《佛山忠义乡志》，并兼任中学教师。他先后在肇庆中学、广雅中学、南海师范、国民大学香港分校、华南农学院佛山分院、佛山师专等十余所学校任教。

1933年，南海师范初次参加广东省中等学校毕业会考，当时任教导主任的戴翼丰亲自率领全校应届普通师范毕业生参加会考。学生不但全部及格，梁家琚、陈士炯两位学生还在8000余名考生中，以优异成绩获得第一、第二名，受到广东省教育厅的奖励。新中国成立后，戴翼丰仍坚守教育岗位，任南海师范学校校长兼教授数学课，多次被南海县人民政府、粤中行署评为优秀教师。1957年他被选为民盟佛山市委员会主任委员。曾任政协广东省委员会委员、南海县政协副主席、南海县副县长。1966年4月因病去世，临终前一日，仍执教于南海师范学校讲台上，去世前三小时，还在伏案批改学生作业。

戴翼丰的儿子戴庆辉是私立联合中学校长，戴庆辉的女儿等后辈也当中小学教师，从教已历五代。这五代人中有22人当教师，其中有7位校长、3位教导主任。

二、义

按照网络上的解释，义是中国古代一种含义极广的道德范畴，本指公正、合理而应当做的。孔子最早提出了“义”。孟子则进一步阐释了“义”，他认为“信”和“果”都必须以“义”为前提。这些儒学大家把“义”作为儒家最高的道德标准之一。董仲舒还把“义”与“仁”“礼”“智”“信”合在一起，称为“五常之道”。

孔子所说的义，简单地说是道德、仁义、礼义。例如道义的概念是指道德义理，道德和正义等。

（一）义薄云天的明朝尚书何维柏

何维柏（1511—1587），字乔仲，南海登云堡（丹灶镇）沙滘村人。他明以修身，疾恶如仇，刚直不阿，是一位享有盛名的大清官。“忠肝义胆，疾恶如仇，浩然正气，忧国爱民”十六个字是何维柏政治生涯的真实写照。作为朝廷命官，他不人云亦云，不同流合污，不畏强权，敢于直谏，一生始终心系百姓，报效国家，却数次遭到朝廷利益集团的打击报复，虽历经磨难总能逢凶化吉，归隐乡里，这也算是好人的报应吧！

何维柏出身于官宦人家，自小受到良好的教育。父亲何应初曾任赠通议大夫、督察院左副都御史。何维柏从懂事起开始接受正统的儒家教育，在三水县昆都山一座茅寮读书。那时学习环境相当艰苦，老天下雨时茅寮上漏下湿，烈日当空时又闷热无比，常有蚊虫叮咬。但他却能一心一意沉浸书海，还以李延年“默坐澄心，体认天理”为座右铭，鼓励和鞭策自己。功夫不负有心人，后来他在嘉靖十年（1531年）被拔为贡士，四年后高中进士，选庶吉士。后历任监察御史、大理寺少卿、督察院左副都御史、吏部左侍郎、右侍郎、南京礼部尚书等职。

但是，何维柏具有忧国爱民之正气，敢于和违背民意、危害国家的朝廷强权做斗争，赢得了广大民众的拥戴，同时也带来了无尽的烦恼。仕途几上几下，身心疲惫不堪，最终心灰意冷，远离朝廷。

我们可以从何维柏官场的多次起伏，看出他的为官品行，大义凛然。

1. 第一次辞官

嘉靖十六年（1537年），少年得志的何维柏毅然上书，劝谏皇帝勿听大学士严嵩谗言，考虑国家经济困难，民不聊生，停止修建金山功德寺这样劳民伤财的工程。皇帝不听，一意孤行，何维柏愤然称病辞官，回广东隐居，建天山书院，聚众讲学。

2. 第二次罢官

嘉靖二十三年（1544 年），何维柏被重新起用，以御史身份巡按福建。面对大饥荒，民不聊生，他亲自率领郡县长官开仓赈济灾民，救活了几十万人。但宰相严嵩等奸臣并不买账，何维柏愤而疾呼："天下徒知畏嵩之奸党，而不知朝廷有公法！"这样敢于直谏、不畏相权的言行赢得了时人的尊重，却触怒了嘉靖帝，派专使逮捕他到京城治罪。何维柏坐着囚车离开福建时，男女老幼奔走悲送，有人大声哭泣："三水凤，参天柏。今日去，民心恻！"由此可见百姓对其拥戴的程度。

何维柏被关在锦衣卫监狱遭受严刑拷打，被判打 100 廷杖，可他始终不肯屈服。幸运的是，当时锦衣卫的南海人陶凤仪暗中保护，才得以被关押到天牢，等候发落。后被皇上从轻处罚，免于一死。何维柏返回家乡后，致力于创办书院宣讲白沙学说，各地来谒见的仰慕者络绎不绝。

3. 第三次辞官

隆庆元年（1567 年），定居家乡 20 多年的何维柏奉召复职，很受主政大臣大学士徐阶敬重，议决朝政大事多同他商议。他依然保持直言善谏的风格，向皇帝提出了不少关于整顿朝政的建议，大多为皇帝所采纳。但是，后来也有上书令皇上大怒而被罢官的情况。徐阶感到势头不好，恳求辞职而获准。何维柏以母亲去世为由，也辞官回乡。

4. 第四次请辞

万历元年（1573 年），明神宗继位，张居正为宰相，年过 60 的何维柏再次被起用，官复原职。他依旧刚直不阿，多次上书要求废除售官鬻爵，力陈其弊端，皇上不予采纳。万历五年（1577 年），何维柏因不肯顺从大学士张居正之意而被伺机报复。次年张居正留恋官位，何维柏以"纲常万古不易"，认为不应再挽留张，因此得罪了张居正而被罢官。停俸 3 个月，调离京师权力中心，外放陪都南京任礼部尚书闲职。他心灰意冷而请辞，从此远离官场，回天山草堂讲学，以白沙学说为宗，倡导以纲常社稷为立学主体。

（二）梁廷枏及《海国四说》

佛山是珠江三角洲的腹地，鸦片战争后随着中国进入半殖民地半封建社会，佛山是最早遭受西方列强炮火侵略和经济欺凌的地区之一，随之涌现了一些最早"睁眼看世界"的有识之士，梁廷枏就是这类先进人物的杰出代表。

梁廷枏（1796—1861），字章冉，广东顺德人，中国近代著名学者。

曾任澄海县训导、广州越华书院和粤秀书院监院、学海堂堂长、广东海防书局总纂等职，咸丰时赐内阁中书，加侍读衔。他出身书香之家，从小好学，平生勤于治学，精研金石、经、史，擅长戏曲创作与评论，有乡土研究著作《南汉书》、西方史地著作《海国四说》、第一次鸦片战争史料著作《夷氛纪闻》等多种历史著作以及《曲话》等文学著作，共计 38 种 288 卷。当代文献学家冼玉清评价其著述“种类之多，范围之广，实近世所仅见也”。尤其是以《海国四说》为代表，在介绍西方政治、经济制度和文化以及海关、海防方面做出了杰出贡献。

1. 梁廷枬对传统文化的贡献

梁廷枬出身于一个封建士大夫家庭，15 岁时父亲去世，家境困难。但因家学渊源，从小研读了大量祖辈收藏的图书，小小年纪便满腹经纶，“下笔有奇气”。母亲对他管束甚严，并让他师从梁章钜、冯龙官、吴显荣等名士。梁廷枬的科举并不得意，直至 39 岁才考中副榜贡生。梁廷枬从小痴迷于中国传统文化，对文、史、曲、词、金石、音律等无不涉猎。他没有进士头衔，后来之所以能够长期主持广州越华书院、粤秀书院、学海堂等，都在于他的文史功底和极高的艺术造诣。

梁廷枬是清代著名的戏曲作家和戏曲评论家，有多种著作传世，在戏剧史上占有十分重要的地位。

他学识广博，嗜好金石、书画和收藏，自述少年时“即癖嗜钟鼎文字。家藏《宣和博古图》，晨夕摩挲不能少释”。梁廷枬收集的书画和书画评论文集也相当可观，19 岁时就在广州购获拓本商周铜器铭约百余种。

1835 年，中副榜贡生的梁廷枬已到了不惑之年，已无心功名。当时，两广总督卢坤设海防书局，梁廷枬应卢坤之聘，到海防局主修《广东海防汇揽》，1836 年四十二卷该书付梓。书中吸收了西方海防经验，汇集了列强入侵沿海的方式和途径，提出了相应的对策，加强了国人对民族危机的警觉，以及对海防和海战重要性的认识。

特别重要的是，梁廷枬用史书的形式记载了第一次鸦片战争，撰写了《夷氛纪闻》五卷，于 1850 年完成。该书表述了中英通商由来、禁烟始末以及鸦片战争在广东、浙江、福建、台湾和江苏等地的战事，赞扬林则徐等人的抗英业绩，揭露琦善、奕山、奕经等人的丑恶行径，大力宣扬三元里和广州人民抗英斗争的胜利成果，实录群众火烧十三行夷馆、捣毁卖国官员和商人之家的情形，以及《南京条约》签订后广东等地民众继续坚持反侵略斗争的事迹。该书是后人研究鸦片战争的珍贵资料。他还于 1852 年参与完成《顺德县志》的修编，另外他所编的书院志和日记则反映了其教育思想，又是广府书院史研究的难得资料。

2.《海国四说》的内容和历史地位

梁廷枏最大的贡献，在于他是我国近代放眼看世界的先驱，其代表作是《海国四说》。西方资本主义势力的入侵，促使他关心时事，注意研究西方国家的政治、经济、历史和地理情况。道光二十六年（1846 年）他将以前著述的《合省股国说》等四部书合编在一起，起名《海国四说》。全书约 14 万字，以中国人叙述外国事。主要内容为以下四个方面：

（1）评述西方宗教

梁廷枏起先对西方世界的了解也很不准确，例如在《粤海关志》中，他和林则徐、魏源等人分不清北美洲和非洲，认为美利坚合众国和加拿大是在非洲。后来随着研究的深入，他在《合省国说》著作中对原来的误解做了纠正。在他的《海国四说》中开始将西方人称为“西人”，把西方诸国称作“西国”，改变了过去“夷人”或“番鬼”的鄙视叫法。难能可贵的是，在《耶稣教难入中国说》中，对西方宗教给予了宽容的态度，介绍了基督教的历史、主要经典《圣经》、基本教义教规等。他是以讲道理的方式比较中国和西方的宗教，而不是要求中国人盲目抵制西方宗教。

（2）推崇民主制度

《海国四说》这部专著不仅一般性地从地理环境、社会民情等方面介绍欧洲和美国，而且在近代中国首次探讨了美国民主共和制度，初步分析了其确立的原因。梁廷枏在自序中指出：“余观美利坚之合众为国，行之久而不变。然后知古者可畏非民之末为虚语也。彼自立国以来，凡一国之赏罚禁令，咸于民定其议，而后择人以守之，未有统领先有国法。”

在《海国四说》中介绍了华盛顿确立美国民主制度的杰出贡献，首度在汉语里使用“国父”这一概念，赞誉华盛顿“为人公正自矢，不事威福，不辞劳瘁”，还记述了他卸任后常常利用空闲时间，率官绅人士与农并力耕作。对于美国的法律制度，梁廷枏详述了“美国新定条例十有七款”，“凡事无大小紧急，必集议而后行，议必按例”。另外还涉及宪法鼓励贸易、鼓励发明诸项。在他的《兰伦偶说》著述中还提到了英国的《大宪章》，介绍英国议会的缘起，展示了一个与中国“天朝”体制迥然不同的近代西方政治体制。

（3）重视科学技术

梁廷枏认为西方人“往往耗智巧于制器成物”，因而在器物制造方面多有发明。他介绍的西方纳贡的物品中，多有机械、火器、医药等科技制品。在《海国四说》中，梁廷枏尤为重视蒸汽机、纺织机的技术，并做了详细介绍。他说：“以火蒸水，作舟车轮转机动，行使如风。舟日火轮船，初但以邮递书件，后则随兵舶为惊人开路之用。”梁廷枏不像那些守旧人物将西方科技看作是“奇技淫巧”，而是十分重视科技对生产的推动作用。

（4）关注经济贸易

梁廷枏的《粤道贡国说》是从贡赐交往的角度研究中外经济交流的情况，其目的在于实行可控制的对外贸易。在其他的著述中，他也是在介绍国外情况时，将经济贸易作为重要的对象，一些情况介绍得很详细。例如，他非常重视反映美英的经济情况，在《英吉利国记》以及后来扩充改编的《兰伦偶说》中，表述了“录其治革世次，因及其积年争据之由”，介绍了英国的历史、地理宗教、风俗、政治、教育、经济和中英贸易等等，并着重对英国商业贸易方面做了详细介绍。他还阐述了“英国税皆资于市，货多故税亦日蕃，国用咸出于是”。他进而揭露了英国利用鸦片贸易对中国进行侵害的史实。

3. 从《海国四说》看佛山人的“世界眼光”

在近代历史中，佛山人是较早放眼世界的，梁廷枏是其中的杰出代表人物。他的《海国四说》与魏源的《海国图志》相比具有更开放的内容，这一点被以后日益增多的学者所认同，他们注意到了该专著的思想启蒙价值。陈恩维博士的《梁廷枏评传》为梁廷枏专列了“睁眼看世界”“学术的转型”与“思想的启蒙”几节来阐述，认为梁廷枏“体现了一种在坚守传统文化基础上面向世界的开放心态”。还有的专家提出，“早在 1844 年，岭南学者梁廷枏就将西方列强之强的根源追溯到政治制度、经济制度和文化制度，而不仅仅像林则徐、魏源那样把中西差别解读为技术优劣。梁廷枏不仅是抬眼看世界的第一人，也是中国民主政治的启蒙者。他的探索精神和远见卓识，给今人如何解放思想带来的不仅是启发，更是激励”。对于西方先进的政治体制，“魏源的《海国图志》和徐继畬的《瀛环志略》均没有这方面的内容”。

梁廷枏在晚清就向国民推介英美的政治制度，呼吁以民为本、以法治国，不啻为振聋发聩之论，并且有坐牢杀头的风险。他在《耶稣教难入中国说》等著作中，对西方文化宗教的认识，也属于那个时代中国人的最高水平。梁廷枏的那些超时代的思想，正是折射了佛山人的世界眼光，是我们现今更须关注的精华所在。

（三）以“教化”取义的黄荣康

黄荣康（1877—1945），字祝蕖。最初住在三水县城南门，后迁往芦苞。祖父名秋霖，父亲叫秉坤，母亲胡氏，都是德行高尚之人。他 7 岁丧父，11 岁丧母，由祖母陆氏抚养成人。年幼时因家贫无法上学，私塾老师刘跃衢深表同情，让黄荣康免费入学。小荣康深知生活艰难，非常珍惜学习机会，勤奋刻苦，学业优秀，诗词方面尤为突出。因为没有旅费，无法去省城广州参加乡试。18 岁时，经人推荐到南海县渡头村陈氏家塾教书。

到了 27 岁，光绪三十年（1904 年），他借南海县户籍参加南海县试，初榜名列前茅。当地学子不服，群起鼓噪，黄荣康遂不再参加复试。从此断绝了跻身仕途的念头，潜心研究古文诗词、经史和诸子百家的学问，立志教书育人。他仿照古人边讲课边求学的方法，到外边向黄梨洲、李二曲等高人讨教。先后在陈氏家塾和平地堡执教 26 年，乡邻仰慕，前来求学之人日渐增多，“黄先生”的大名远近传播。

1920 年，省城的弟子请他把学校迁往广州，于是他在河南冼涌创办了祝蕖国文专修学校（后迁城西冼基），并结识了在广州学海堂任教的黄任恒。黄任恒是九江先生的再传弟子，家中藏书丰富，黄荣康常借书阅读，增进学养。那时人们把广东大学教授黄佛颐、黄任恒、黄荣康合称广东“三黄”，可见他们在学术界的影响。黄荣康在广州教学 19 年，学生数以千计，大都学有所成。如在文学艺术界享有盛誉的黄少强、赵少昂、周千秋、吴天任、李抚红、陈雄略、陈海天、陈居霖、陈旋珍等人，都是他的得意门生。

黄荣康在教学之余，醉心于诗文书画。1924 年与高剑父、陈树人等岭南名家组建广州文社青游会。在荔枝湾建青游水榭作为活动场所，定期集会研讨学问和艺术，吟咏挥毫，影响深远，会员近 300 人。他后来在芦苞买下不足一亩的田地，盖草庐、筑泉石，杂植花木瓜蔓，围成圆形，取谦恭不敢自满之意，定名凹园。凹园藏书甚丰，仅四部备要（四部丛刊）就有 1750 种。到了晚年他对子女说：“我没什么好东西留给你们，只有积德和藏书而已。”

1938 年秋，日寇侵占广州，黄荣康为避战乱回芦苞，在凹园埋头写作。后来国立中山大学聘请他出任国学教授，因该校迁往云南，黄荣康以年事已高不便远行婉言推辞。1941 年，他的学生陈子和就任三水县长，常上门向他求教。黄荣康从不利用师生关系牟取私利，那时的人们敬佩他品行高洁，称赞他“人淡如菊”。

黄荣康一生著述丰富，公开出版的有《黄花晚节图诗册》1 卷、《求慊斋文集》6 卷、《骈文》4 卷、《凹园诗钞》2 卷、《续钞》3 卷、《兵中怀人诗》1 卷、《清宫词本事》1 卷和《清文粹语》10 卷。其后还有他的学生选编的遗稿，以及大量未出版的学术著述。

1945 年由于战乱颠簸，积劳成疾，黄荣康于日本投降 7 天前离世，享年 68 岁。友人黄咏雩挥泪作墓铭：“学不厌，教不倦。人之师，邦之彦……”对他一生诲人不倦的清高气节和对社会的贡献做了高度概括。黄荣康身后留下两子三女，长子耀桀，画作有成就，次子耀案，教学有建树。

三、礼

中国被称为礼仪之邦，古代的“礼”具有十分重要的意义。在儒家文化中，礼是六艺之一。中华民族历来推崇君子、鄙视小人，而评判君子是有标准的，就是必须掌握六艺：“礼、乐、射、御、书、数”。我们看到礼位列第一，这充分证明礼的地位。《论语》中有记载，有人请教孔子，如何才能成为君子？孔子答道：“兴于诗，立于礼，成于乐。”礼是让人成熟起来最终成为谦谦君子的学习过程。

礼的内容也包括多种，例如礼仪，其中涵盖礼节和礼貌等。礼还反映一个人的综合素质和为人处世的行为。与“礼”相反的行为就是“无礼”，还有一种坊间的说法是“粗俗”。如果评说某人无礼或者粗俗，这样的人是不会获得众人好感的。

（一）从古、近代顺德才女释义“礼”

我们认为“礼”除礼貌、礼义外，更多的是反映在社会人的诸多素质和为人处事方面。顺德典籍中的古近代才女，就是很好的事例。她们的言行及诗句表达出对生命的诠释，透露着对文化的执着，倾诉着对家人的情怀，以及对社会的关注。在剖析这些历史文献中笔者注意到，良好的幼少年文化熏陶，是其出类拔萃的关键要素。这些贤淑才女大多出身于诗书礼仪之家，幼受庭训，饱读诗书，后又多嫁与本地才子，“赌书消得泼茶香，当时只道是寻常”。尽管因为是封建时代的女子，其才华虽难于在社会施展，但相夫教子却绰绰有余，自身人格也芬芳健康。

1. 温婉体贴三才女

清乾隆时期的陈广逊，是海阳训导陈次文的女儿，她是顺德较早的职业知识女性，嫁给了诗人何勤良。夫妻俩虽贫犹乐，丈夫外出教授徒弟，陈广逊在家闲暇无事，应巨商之邀教授其女。这位闺塾师每天解馆归来，夫妻间吟唱相和，其乐融融，令人羡慕。

同时代的著名诗人黎简，一生狷介，但深得夫人梁雪的惠助。梁雪秀外慧中，和丈夫甘苦与共，即使把盏共饮，也从不迟疑。夫妻两人情相意合，相濡以沫。梁雪能解诗文，温文尔雅，更为人敬佩的是，每每黎简赶考名落孙山，她从无怨言。为此丈夫写下了发自肺腑的感人诗句：“也愧卿卿不相问，年年亲为拂尘袍。”

还有一位大才女刘雪兰，一生超然淡泊，“不分世途争冷暖，却从天外避春秋”。当自己的丈夫屡经科场坎坷时，她婉转地劝慰“肯抱壮心酬一切，莫将诗赋吊三闾”，勉励丈夫继续努力，不可轻易放弃。

2. 村落女孩不一般

李晚芳，康雍年间人，是北滘人李心月的女儿，她自称“村落女孩”。少女时期，她师从苏姓前辈攻读经史，后嫁给碧江人梁永登。李晚芳善处姑舅，相夫教子，虽一生贫穷，但手不释卷，一直以圣贤之学来激励自己。著有《释古周礼》《读史管见》《女子言行》等。她深研经史，兼善制义，读史别开生面，每每发前人未发之覆，这令同乡大学者苏珥、何梦耀都叹其人才难得。

李晚芳饱读诗书，才学兼备。对被誉为“史家之绝唱，无韵之离骚”的《史记》，能很轻松地指出其硬伤，那就是“私愤充溢”。这可以说是“慧眼独具，语出惊人”，但又合情合理，难以辩驳。太史公司马迁的这部名作，一直为后人奉为经典传世之作，但李晚芳却能够分肌剥理，追寇入林，突入司马迁内心真实的世界，指出这位史学泰斗的学养缺陷，可以说是颇含现代文学心理分析的精粹。

3. 官家女儿双双贤

黎春熙是清末直臣黎兆棠的女儿。她少年时期跟随父亲宦游赣南，见识颇多。后嫁入清晖园的龙家，成为龙泽均的妻子，著有诗集《静香阁诗存》。黎春熙之子在诗集后跋上说明，静香阁是母亲“吟咏之处”，还表示“先母少日姆教女学之外，好为诗歌，每得句呈先外祖光禄寺兆堂公，苟得许可，便欣然忘食”。

当时的才女也并不是笑掩齿唇，授受不亲。黎春熙曾经和胞弟共同读书学习，谈诗论文，不觉月移花影，秋虫变鸣。

同样，身在清晖园的龙家四小姐龙唫芗也有自己的诗集，她在《与蘅湘兄夜谈别后作》写道，小妹晚上在大哥室中议论纵横，评诗点文，直到蟾影西斜，才踏月独归。回到闺中，犹意兴难遏，于是泼墨挥毫，沉吟作诗，第二天又将诗稿送给哥哥。

这些生活场景和诗歌反映出，那时的官宦家庭不但对男孩，也对女孩施行传统教育，女孩在相对和睦平等的家庭中享受着一定的自由和权利。

（二）难于评说是吕嘉

汉代的大良金斗村人吕嘉，历史上对其褒贬不一，众说纷纭。笔者认为从君王和黎民百姓两个层面而言，他都不失为礼仪先贤。因为一个人的综合素质和为人处世的行为结果，比礼仪和礼貌更能代表其“礼”的程度。当然笔者并不否认吕嘉生平存在某些欠缺和败笔，可这无损于其光辉的一生。这里为突出主题，不将这些问题展开讨论，因为受历史条件局限，他不可能是“完人”。

1. 君臣默契多年搭档

据考察相关资料，吕嘉自小聪明好学，处事机灵，以后逐渐成为越民的首领。南越王赵佗见他忠心耿耿，也希望通过他“和辑百越”，起先提拔吕嘉为太师。后来赵佗建立了国家，又擢升其为南越国丞相。在六十多年的君臣相处中，君王赵佗的雄才伟略和大度宽厚，丞相吕嘉的果敢忠诚与多谋善断，堪称相得益彰，配合默契。他们不愧是一对开辟和巩固岭南疆土的黄金搭档。因此，顺德人梁廷枏在《南粤五主传》引用《粤记》讲述：“吕嘉，本越人之雄，佗因越人所服而相之而南越以治。”从记述中我们可以看出吕嘉在南越国几十年的发展和稳定中举足轻重的重大作用。他的多项富国安邦的策略得到了南越国上层的赞同和广大黎民百姓的拥戴，即“其居国中甚重，越人信之”。他虽然掌握实权，但从未擅权。

2. 多策惠民促进融合

吕嘉数十年的为相生涯，作为一位越族首领，他的忠诚和聪颖，已经使其成为整个南越王国的精神领袖，以至于“得众心逾于王”。作为南越本土人，强家盛邦、长治久安已经成为其不懈的追求。因而吕嘉是直接参与国家重大决策的关键性人物。赵佗许多深得民心的政策，都是他们君臣二人反复思考商议的结果。这使得南越国得以在“汉越杂处”，相互通婚的基础上，出现了多年融合兴旺的良好格局。

屈大均《广东新语》有如此表述：“南越之亡以吕嘉，而土地人民得去蛮为华亦以嘉。”在近一个世纪的和平安定中，为黎民百姓创下了休养生息的宝贵时间。南越王赵佗在吕嘉的协助下，引导越人主动吸收中原汉民先进生产技术和丰富的农业经验，人们开垦荒地、精耕细作和兴修水利，使珠三角成为重要的水稻产区，全面促进了当地经济及文化的进化。南越开始使用铁器和牛耕，生产能力产生了质的飞跃。所有这些变化都反映了吕嘉所倾注的心血和智慧，他对岭南社会的变迁和进步有着深远和重大的贡献。

（三）才士的古道热肠

1. 厌恶科举鄙视权贵

苏珥（1699—1767），字瑞一，顺德碧江人。清朝雍正、乾隆年间的岭南著名学者和书法家。少年时代与罗天尺同在广东学政和大学者惠士奇门下求学，被称为“惠门四子”之一。他和罗天尺一样，不热衷功名，厌恶科举制度。39 岁中举后，迫于母命上京应考，下第而归，从此不再涉足科场，隐居乡里读书写字，教学著述终老。

苏珥嗜书如命，用开设教馆的收入购书万卷以上，逐一点读，还认真勘误辑佚，钩沉索隐，提出了不少独到的见解。当时的大学士惠士奇和诗坛盟主沈德潜对他都相当器重，苏珥上京应考落第，回乡缺乏路费，得到沈德潜的资助才得以成行。

苏珥人品高洁、安贫乐道、不求闻达；达官贵人出资要其题字撰文，从不苟同应允。那时有个豪门恶少挥金如土，不信世上有人不认钱，派人送来重金请他撰文。苏珥闻其劣迹，干脆地回复："我不是卖文的，你走错门了，请出去。"还有一次，同族有个富人与人争地打官司，要借苏珥的名气写状子，送上1000两白银为酬谢，被他申斥一顿，赶了出去。

2. 友善邻朋重情厚义

对于朋友与乡邻们，苏珥有求必应，热情随和，还时常分文不取。曾有个街边卖水果的老人求他写封家书，付给润笔银，苏执意不要。老人坚决不肯，他才笑笑说："好，我就多谢你一个生果。"随手拿起个果子，边走边啃，不认识他的人，无论怎样也想不到这人竟是学富五车的举人公。

苏珥为人古道热肠，非常重视师生情谊。恩师惠士奇晚年遭人诬陷，被封屋抄家，生活没有着落，他发动一班同窗捐资买房给老师居住。他好友刘铁遂的儿子顽劣忤逆，族长打算置之死地，苏珥毅然把那孩子接回自家亲自调教，终使其改过自新。老同学何梦瑶离世，他不顾抱病的身体，连夜雇船赶到南海县吊丧，恳求开棺见老友一面……

至今民间还流传着不少他的轶事与传说，我们从中可以感觉到黎民百姓对苏珥这位厚道热忱才士的敬重和喜爱。

四、智

古代伟大的思想家孔子认为，"知（智）者不惑，仁者不忧，勇者不惧"，这是把"智"和"仁""勇"两个道德规范并举。孟子将"仁义礼智"四德并列。到了汉朝，儒家思想确立了"五常"：仁义礼智信。在儒家思想规范中，"智"是理想人格的重要品质之一。

"智"实际上是"聪明智慧、有见识"的含义。在古人眼里，智慧和道德是紧密相连的。三国时期的蜀国名臣诸葛亮，一生鞠躬尽瘁，死而后已，被认为是智与德的完美结合。一代明君唐太宗李世民执掌朝政，虚心纳谏，厉行节约，百姓们得到了休养生息，开创了历史上有名的"贞观之治"，被视为德智兼备的英明君王。

需要注意的是道德与智慧相比，道德显得更为重要。道德可以弥补智慧的不足，可智慧无法填充道德的缺失。

（一）科举入仕的康氏家族

近代中国资产阶级维新运动的著名领袖康有为，出生于南海县银塘乡

（今名银河乡）。康氏是个世家大族源远流长，康有为常以此为荣。

从《康氏家庙碑》中可知，康有为列祖列宗人员的发迹，通过科举入仕、走正途为官的人有不少。其中有：

康涵沧，这是个能文善诗、学而优则仕的人物，康有为称为家族的“创业传绪之祖”。

康文耀是嘉庆举人，继续和传承陆稼书先生的学问，有弟子上千人，被称为岭南大师，在康氏家族中最先倡导孝悌礼学。

康达节府学考试第一名，为候选训导，工诗善画，诗学太白，善画竹梅，尤精棋艺。

康达行诗文卓越，屡试不第，给长辈康国器当幕僚，为福建候补知县。后随从左宗棠远征新疆，驱逐阿古柏匪帮。又奉命前往台湾巩固海防，以身殉职。

康达爵为广西西林知县，后升任西隆州、永安州知府，辞官后钟情于园艺。

康氏家族中还有不少人担任过训导、知县和知州等官职。

在封建时代的读书人，原则上只有通过“头悬梁锥刺股”刻苦读书，掌握智慧，才能通过科举，入仕为官。当然，一些“官二代”通过“走后门”和“造假”获取功名的也是大有人在。在封建朝代官大一级压死人，并不奇怪。对于家中有钱的“富二代”，还可以用金钱来“捐官”。如果是平民百姓，要想走进仕途，只有悬梁刺股一条路了。

从现在的角度看来，康有为世代宗亲成员重视“智”的家风，因此家族中许多人追求“智”，通过科举入朝为官。

（二）佛山近代著名学者邹伯奇

邹伯奇（1819—1869），字特夫，南海黄岐镇泌冲人。清朝著名自然科学家、教育家。常年活跃在广佛两地，担任过学海堂学长。在数学、物理学、化学、光学、天文学和地理学等学科均有骄人的建树。在技术制作方面颇多发明，创造了不少“中国第一”，在人文社会科学领域也有不凡的造诣，被誉为中国照相机之父、百科全书式的学者。他集中国传统科技之大成，同时又以数学为基础，把实验作为根本手段，融汇中西科技的精华，使得中国的自然科学从传统向现代跨越。

1. 文理兼长型的科学家

邹伯奇在自然科学方面的成就贡献是多方位的，中国社科院哲学研究所研究员王维撰文，称赞他是“百科全书式的学者”。在科学哲学方面，他遵从墨学，否定《易经》的权威。在自然科学方面，对数学、天文学、光学、力学、乐律学、地图绘制、天文、测算器械制造以及化学等都很有研究。邹伯奇著有十多本数学专著，在《乘方捷术》中阐述了乘方、开方和对数及其应用，在《对数尺记》中阐述计算尺的构造及其在数字计算中所起的作用。他研制出了比例规、指南尺、对数尺和度算板，是中国人对世界计算技术的新贡献。邹伯奇的《摄影之器记》《格术补》等著作，讲述了透镜、平面镜和透镜组等成像规律和光学原理，以及暗箱制作、感光板制造、拍摄冲洗方法等，是中国最早系统全面的摄影著作。他于1844年最先设计以摄影术绘制地图的方法，这大约与欧洲同时开始用摄影方式做实地测绘，还要求他的学生用其摄影术绘制了《浔岗洲图》等，被誉为最早应用摄影技术绘制的地图。邹伯奇还发明了中国第一部照相机，并以玻璃板摄影术最早成功地拍摄人物肖像。

2. 标新立异的独特品行

在儒家文化占统治地位的传统社会里，自然科学不受重视，学子士人大都靠读四书五经走科举之路获得功名利禄。邹伯奇的兴趣则是在自然科学，自己有着特立独行、标新立异的品行。有的是中国传统的贵疑精神，具有发现问题、思考问题和解决问题的性格；还具有不为名利所动，“咬住青山不放松”坚忍不拔的毅力，这些都是作为自然科学家的基本素质。

邹伯奇的科技成就得益于从小打下的数学基础，他的家族是南海泌冲的名门望族，是在宋代迁居过来而逐渐发展的。据考证，宋代大臣、文学家和诗人邹浩（1060—1111）是这个家族的祖先。当年遭革职羁管于新州（广东新兴县），其后代辗转迁至泌冲。邹伯奇自称是邹浩的二十三世孙，他7岁就读本村私塾，10岁外祖父教他《周易》《周髀算经》和《九章算术》等课程，11岁时又师从数学功底深厚的进士、藏书家梁序镛，学习《弧角设如》《弧三角举如》和《三统术》等当时难得一见的古籍珍本。20岁时就已经研制出“度算板”和“比例规”等数学工具。

邹伯奇自小养成了特立独行的品质，以字“特夫”和号“一鹗”来表现自己的标新立异、不同凡响和志存高远的特质。“千人之诺诺，不如一士之谔谔”，其破除陈规、特立独行的标新意识，是当今科学探索最可贵的品行。他以其终生的表现和卓越的成就，诠释了什么是创造和创新的理念。

3. 尤以数学和实验见长

邹伯奇能够成长为“百科全书式的跨学科著名科学家”，又是中国传统学科转向现代学科时期的标志性人物，就在于他熟练掌握了数学和实验这现代科学的两把金钥匙。他是中国历史上极少数将这两者紧密结合的自然科学家。与西方科技相对比而言，传统的中国科技缺少的是实验和数学的结合，因此李约瑟曾经发问：“中国的四大发明在世界领先，为什么在明代以后就落伍了?”在此，我们可以分析出邹伯奇在中国科技史上独特的地位与贡献。

邹伯奇的学术活动得益于其扎实的数学功底。现代科学技术的一个突出的特点就是将数学作为通用工具和通用语言。在儒家经学占统治地位的朝代，邹伯奇在学界得以成名，就在于他能用数学知识纠正古籍与经学名流的谬误，如更正三礼制度、春秋经传等群经注疏在天文历算方面的错误。凡是遇到相关的疑难问题或疏漏之处无法解决时，邹伯奇即亮出数学杀手锏一一化解，在当时的学术界犹如鹤立鸡群，令人羡慕。《南海县志》表述其“尤精于天文历算，能萃中西之说而贯通之，为吾粤向来名儒所未有”。

4. 志存高远为科技献身

邹伯奇生于清朝后期，战事连绵，内忧外患，中国的经济和技术相当落后，为西方列强国家所欺凌。邹伯奇立志从事科技研究，清心寡欲、志存高远，视科学研究为己任，功名利禄全不放在心上，潜心专研，矢志不渝。其为科学献身的精神，使他的传统科技思想，已不只是“术”，而上升为“道”。邹伯奇自拍照题诗最后说“乐道织纤尘”，所乐的道，是为科技献身。

1865 年，邹伯奇受聘主持测绘《广东沿海地图》。广东是最早遭受西方诸国侵略和掠夺的省份，清政府屈服于列强国家的船坚炮利，动辄割地赔款，令人痛心。他深知绘制地图、测量山川河海的重要性，决定用掌握的科技知识来保护祖国母亲的土地。他实地测量，风餐露宿，终于绘制出《皇舆全图》(即中国地图)，总图 1 幅，分图 66 幅，还主持测绘了《广东沿海地图》等大量图册。

1869 年，年仅 50 岁的邹伯奇卒于广州南海学宫修志局。有些文献说他是无疾而终，其实是劳累过度而死，用自己的生命描绘了科技的大“道”。梁启超在《中国近三百年学术史》中，赞誉邹伯奇为“豪杰之士”。这位豪杰在世界科技史上占有的位置值得国人自豪。邹伯奇所代表的中国优秀科技传统，以及其献身精神，理应为后人所敬仰和发扬。

（三）才智横溢的名臣张荫桓

张荫桓（1837—1900），字樵野，清代南海县佛山镇人。最高的官职是户部侍郎，加尚书衔，赏紫禁城骑马。晚清著名的政治家、外交家，还是积极支持维新变法的高官。因参与变法被清廷革职，流放新疆而遭杀害。官方史籍对其记载极少，以致其历史作用和出众的才智被后人所忽视。

1. 科举未中报捐知县

张荫桓曾参加童生考试未中，同治三年（1864 年）报捐知县，投奔在山东的舅父李宗岱。由于舅父的引荐，先后得到山东巡抚阎敬铭、丁宝桢的赏识和器重，被招致抚署中掌管文书工作。他的文章写得既好又快，那时的不少公文以及向皇帝进言、奏事的本章都是出自他的手笔。民国版《佛山忠义乡志》记载：“荫桓天才飙发，每草一疏，俄顷立就”，“每与疑难事，应机立断”。阎敬铭、丁宝桢以张荫桓见识和才能过人，究心世务，治事精密，多次向朝廷保荐他。

同治七年（1868 年），张荫桓由知县迭保至道员（正四品衔）。同治十三年（1874 年）署山东登莱清道，不久后，署山东盐运使。光绪二年（1876 年）协助李鸿章处理马嘉理案。光绪七年（1881 年）转安徽徽宁池太广道。光绪八年（1882 年）升署理安徽按察使。中法战争期间，“会同办理签订中法越南条约和划界事宜”。在多年的洋务实践中，他办事通达干练，能持大体，处处展示了其长于外交的才干。

2. 多年官场才华展现

光绪十年（1884 年）五月，清廷选拔出使人才，张荫桓被召入京，因奏对称旨，受到慈禧太后赏识而被赐予三品卿衔，进入了清政府为办理洋务而设立的中央机构。

光绪十一年（1885 年）张荫桓以太仆寺卿出使美国、西班牙、秘鲁三国，其主要任务是保护华人安全和各项权益，代表中国政府办理和交涉相关权益。接任后，他对华人境况展开调查，提出“要保护华人之生计，雪积案之滞冤，通华商之贸迁，固邦交之睦谊”，充分展现了他统摄全局而精明务实的风格。

光绪十六年（1890 年），张荫桓完成出使任务归国，以通政副使在总理各国事务衙门任职。

光绪十八年（1892 年）六月，他任户部右侍郎。八月转户部左侍郎兼管三库事务，加尚书衔，仍值总署。据此，张荫桓一身兼负外交、财政两大重要职责，已成为朝廷中枢人物中的一个。

光绪二十年（1894 年）八月，中日甲午战争爆发，清军接连败北，清廷不得以向日本派遣使节乞和。慈禧太后特降谕旨，派张荫桓、邵友濂为全权大臣，“前往日本会商事件”。由于日方无理挑剔，在中国代表的“全权”问题上，寻找借口蓄意破坏谈判，张荫桓对日方进行了据理驳辩，谈判被迫停止。

光绪二十二年（1896 年），张荫桓奉命以“大清国钦差大臣尚书衔户部右侍郎”的名衔，与日本驻华公使林董妥议商约，签订《中日通商行船条约》。他关注华侨华人权益，对日方原稿多方驳改，使条约第一款增加“彼此臣民侨居，其身家财产皆全获保护，无所稍缺”的内容，日方同意设立领事，至此中国旅日侨民的保护有了依据。

3. 参与变法终遭清除

光绪二十四年（1898 年），清朝经历了中国历史具有划时代意义的一次变法运动，即戊戌变法。其间，张荫桓兼管理京师矿务铁路总局，负责统辖所有各省开矿筑路一切公司事宜。

在维新运动中，张荫桓作为积极参与维新变法的要员，支持保国会的运动，为康有为、梁启超等维新派上下联系，条陈新政建议。他的变法主张被光绪皇帝以上谕的形式予以推行。此外，张荫桓主持矿务铁路总局时，安排德国亲王、日本前首相伊藤博文会见光绪皇帝，如此种种引起了以慈禧太后为首的顽固派的仇视，被捕入狱。因为张荫桓是知名的外交家，英国及日本公使表达严重关切，使慈禧太后等有所忌惮，遣戍塞外，竟遭杀害。

4. 千秋功过谁与评说

纵观张荫桓的宦海生涯，他是一位办事勤能、锋芒毕露和不知避忌的著名政治家、外交家。对于其评价，生前身后评价不一。这有多方面的原因，比如以捐班起家跻身高位，被一些科甲正途出身的官员视为官场暴发户；长期从事洋务活动，有专权和纳贿的种种传言；自恃才具，颇露锋芒，因而与朝内官员不和睦；还有人指责他和李鸿章互为表里，力持和局，是卖国贼。但是对于张荫桓的才干却是众口一词，没有异议，他出使多年，日夜用心学习英语，可以翻译西方的书画报刊。

张荫桓主持洋务多年，又遍游南北美洲和欧洲各国，见识日增，思想也受触动，他出使期间写作的《三洲日记》即有所反映。张讲求务实，留心西学，对西方的政治、经济、文化、教育和科技等方面的情况有一定的考察了解。回国后，还聘请美国人林余等编译《西学富强丛书》，介绍西方数学、化学、地学、矿冶工程、兵学、史学和法学等科学知识，对促进国内了解外部世界、开启民智，都是功不可没的。

五、信

“信”是立人之本。在古代学者看来，“信”也有多种解释。

许慎在《说文解字》中表示：“诚，信也。”“信，诚也。”墨子认为：“言不信者，行不果。”程颐说：“以实之谓信。”如果我们把古代学者对“信”的解释归结起来，大致含义应当是信守诺言，言行相符，诚实无欺，表里如一，是一种做人处事的底线。

“信”被认为是中华民族优秀品格之一，它是“立人之道”和“立政之本”。两千多年以前的圣人孔子，将“信”放到了关乎国家兴亡的位置，把它作为立国之宝。当有学生请教治国之道时，孔子提出“足食”“足兵”“民信”三条。学生问如果要去掉其中两条，您认为最后要留哪一条？孔子认为是“民信”，民无信不立。如果不取信于民，国家就会灭亡。

与“信”相反的表达是失信，一个人不讲信用，就是失信。严重的失信直白点说就是欺诈。守信是君子所为，失信是小人所为。

（一）宁可吃亏也不失信

1. 年少志强

王燮祥，生于1938年，高明荷城新亭村人。父亲王明光早年远赴香港谋生。王燮祥年少时父母就不幸过世，只能跟着外祖母在农村过活，只读过三年书。1947年曾到过香港，因无人照顾，于1949年又返回家乡。在1954年他被批准到香港谋生。

刚到香港时，王燮祥进入“黄森记”学木雕手艺，两年后掌握了木雕技术。后又转到“士丹公司”学习冷气工程，当学徒每天要干十多个小时的活。在港的几年间学到了木雕和冷气两门出类拔萃的手艺活，王燮祥自幼养成了吃苦耐劳、奋发自立的品行和志向。因此学艺虽然艰苦，可他埋头苦练，晚上还主动到夜校补习文化。

2. 信誉为先

1977年，一个开拓个人事业的机会来临了。伍炎记木雕工艺公司的老板决定移民，但不忍埋没企业招牌，因为这是他大半生心血开创的，并且已经享誉香港、九龙和海外数十年了。经过慎重考虑，他认为王燮祥忠诚老实，事业心强，并且手艺出众，是可托可信的最佳人选。便与其商量将公司价值几万元的设备以15000元的价格转手，但要保留原公司品牌。当时王燮祥手头只有几千元，伍老板同意先交5000元，其余一年后交付。这样，王燮祥辞去香港机械工程处公职，开始经营自己的伍炎记木雕工艺公司。

王燮祥十分讲求信誉，经过一年的精心运作，业务蒸蒸日上，已经获得了1万元的利润。当时香港政府批准了他轮候已久的公房，只要交上1万元便可以入住。是按照原有的约定还款，还是拿下公房？对王燮祥来说是个两难的选择。但他还是信守承诺，将1万元按期打给伍老板。

在业务经营上他更是如此，为取得信誉，在产品品质方面精益求精，信守合约，如期交货，生意越做越好，经营范围不断扩展。到了20世纪80年代，他的事业已经相当成功。伍炎记木雕工艺公司的品牌一直用到1996年，才更名为祥利木器雕刻金箔工程公司。

3. 报效家乡

从1984年起，王燮祥在内地和家乡开办企业，还对家乡的多项建设和公益事业非常热心和尽力，先后对建设高明大桥、荷城中学、高明中医院、高明教育基金会、高明颐年院、荷城敬老院、高明老年诗书画研究会等解囊相助。对老家新亨村，比如修葺祠堂、兴建球场和组织老年人外出参观等都给予有力的资助，深得乡亲们的敬重。

因此，王燮祥被推举为高明海外联谊会常务理事、高明教育基金会董事、高明侨联会顾问、高明中医院名誉顾问、高明第六届工商业联合会顾问、高明老年诗书画研究会名誉副会长。他还是香港高明同乡会名誉会长、香港道教通善坛永远荣誉会长、香港夏汉雄体育会名誉会长。

（二）信守“平、靓、正”三字真言

1. 立志奋发

罗汉辉，生于1929年，高明西安区罗岸村人。父亲罗占全早年去香港谋生，以推销员为业。后来香港沦陷于日本人之手，罗占全回乡避难，因不善农事，儿女年幼，家无积蓄，生活十分艰难。罗汉辉生长在农村，读过几年书，抗战胜利后，随姑丈到香港谋生。

1946年，经父亲朋友介绍，到英记机器厂当学徒。他聪明伶俐，悟性很高，专研精神强，学艺相当勤奋。三年后出师，已经掌握了非常好的手艺，深得老板赏识，将他留厂使用。

罗汉辉经历过农村的苦难，立志奋发有为，创业兴家。为实现自己的理想，他在英记机器厂打工十年，一是将有限薪资的大部分寄回家乡，供养母亲弟妹，余下部分省吃俭用，为自己创业做准备；二是在勤奋工作中精心研究各类工件的制作工艺、维修技术，熟练掌握各种生产机械的性能和操作规程，打好技能基础。十年后，罗汉辉成了技术全面，精通多种机械维修而工艺精湛的行家里手。

2. 诚信有加

1957年，罗汉辉开始与友人合作自立门户，在湾仔开设协成隆机器厂。他和合伙人都参与做工，又招来3位工友，专营各种机械，以冷气、机电和自来水供水设备零件加工制作为主。厂子的工件品种数以千计，技术含量大，工艺要求高。罗汉辉与合伙人均是技艺高超的工匠，其他厂子搞不定的工件，“协成隆”全能做，工厂开业不久，便享誉行业内外，经营十分顺利。

罗汉辉属于经营有道之人，几十年坚持用“平、靓、正”三字真言取信于人。“平”表示定价公道，“靓”代表工艺超卓，“正”意指准时交货。这三字真言让他广交业内外朋友，每逢有事总是能得到老客户、老朋友的鼎力相助。

罗汉辉终生热心助人，亲朋好友敬佩他品艺可托，不少人让子弟拜师学艺，只要能安插得了，他都热情接纳。在罗汉辉的精心指导和倾心调教下，大家最终都学有所成，甚至“青出于蓝而胜于蓝”。这些人都对这位父母般的恩师分外敬重。

多年来，罗汉辉经营“协成隆”，既是老板，又当工人，从未离开过工作台，以其卓越的技术苦心经营，事业做得顺风顺水，实现了早年创业兴家的志向。

3. 乡情无限

罗汉辉重情重义，为人敦厚谦和，家乡观念尤重。改革开放后，他十分高兴，以有限的财力支持家乡建设。1980 年他联合几十位乡亲合股投资，引进 100 多台新式缝纫机，配合公社兴办了第一家社办工业——联成制衣厂。1985 年，罗汉辉积极投入捐资建设家乡、兴建新校舍的热潮。他成为旅港兄弟代表，主动承担发动联络捐资、解款回乡和指导落实各项工程。到 1986 年秋天，工程完工举行庆典，他先后自费回乡操劳达 18 次之多，赢得了在港和家乡的乡亲由衷的尊敬和赞誉。

后来罗汉辉继续发动和投资老家的公益项目，兴建村文化室、设立稻场的避雨亭、设立教学设备基金会、兴建自来水工程、修建村水泥路，还与人合作修建巷道、出村道、停车场。在兴建高明大桥，设立高明教育基金会，兴建西安区泰和中学，以及编辑出版《清光绪〈高明县志〉点注本》等项目，他都做过力所能及的贡献。

（三）秉承处处讲求信用的“商德”

1. 峰回路转

谢舜良（1915—1999），高明三州东坑村人。父亲谢恩尧在乡曾做蒸酒、茶室和杂货铺等生意，当时算是温饱之家。谢舜良读过七年私塾，聪颖好学，有相当的文化基础。他在少年时代就怀有志向，不想贪恋父业，16 岁就外出靠自己，孤身到香港闯天下。

到香港之初，谢舜良在一家洗衣店帮工。每天除洗衣、熨烫，还要外出到酒楼、旅店收货、送货，工作十多个小时，月薪三块银元。可他很开心，愿意吃苦耐劳，因为是凭一己之力赚钱。同时他省吃俭用，用余钱相助亲朋好友。老板对其赏识有加。

1934 年，老板关店返回广州，带上了谢舜良，留在身边为他办事。谢舜良精明能干、办事踏实，老板很器重。正当他前途在望，可以大展宏图之时，日本发动了侵华战争，一切都烟消云散了，谢舜良返回香港，饥寒交迫，流浪街头，几近饿死。

抗战胜利后，谢舜良找到一份固定工作，在高升戏院做售票员，生活逐步安定下来。那时从内地和家乡到香港谋生的人员众多，求职相当不易，不少人找谢舜良帮忙。他对乡亲的情感异常深厚，因为也经历过艰辛。他热情为乡邻奔走求职，许多人为此找到了工作。可是还有不少等候者，谢舜良便用节衣缩食剩下来的积蓄先后开设了一个洗衣店、一个文具店和一个木材店铺，安置这些人，他自己继续在戏院打工。这些超乎常人的举动，让乡邻们十分感动，他的声望日益提高。

2. 特色“商德”

到了1949年末，谢舜良开始拓展自己的事业，与亲友合伙，在九龙弥敦道旺角开办了一家颇具规模的龙凤茶楼。值得称道的是，他依然牵挂着求职无望的那些乡亲，茶楼开业之初，乡亲们占了员工的大多数。后来，他开始创办自己的事业，先后开设了龙门大酒楼、龙团酒楼、美丽宫酒楼夜总会，逐步迈向成功之路，堪称业界知名人士。

谢舜良创业的成功，得益于他讲求信用的“商德”。他欣赏的格言是：“日望千里，耳听八方；喜怒哀乐，欢笑迎人；希望有助于人，不望后人助我。”对于商务经营，也有独到之处，他提出经营酒店有三条要点：一是招呼要热情，二是食品要精美，三是出品要快捷。开门营业，就要像在战场上打仗一样：他是指挥员，每天清早就亲临战阵，检查各项战斗准备，查看每个员工的仪容。深入厨房，要求像兵工厂一样精心制作美点佳肴。卖点心的，被要求像运输队一样不停运作。楼面员工则是战斗员，热情为顾客服务。全体员工需要同心协力去争取胜利。

3. 家乡情愫

谢舜良事业成功让人钦佩，但更可贵的是其爱国爱乡的情怀，无愧为内地和香港乡亲们心中的一面旗帜。兴建高明大桥、高明老干部活动中心、建立高明教育基金会，他都慷慨解囊，倾情相助。在教育基金会举行成立大会时，他不顾年迈体弱，欣然回乡参加活动，在万名师生和群众大会上激情澎湃地发言，希望大家尊师重教，勉励师生勤教勤学，培育英才，为国为乡增光添彩。谢舜良语重心长的讲话赢得了全场热烈的掌声。

谢舜良母亲是墨编村人，他年少时曾在外婆家读书，之后念念不忘这段经历。20世纪90年代初，谢舜良得知墨编小学要重建，主动捐资答谢母校的教育之恩。

早在1948年和1949年，老家洪水泛滥，乡亲们陷入困境，还有人吃不上饭。谢舜良心急如焚，赶回老家施粥救助多日，使乡亲们的困难得到缓解。1962年国家陷于经济困难，他毅然返乡捐赠十分紧缺的食用油和农耕拖拉机，救助乡亲和家乡。为纾解家乡20世纪六七十年代枯燥的业余生活，他多次回乡赞助龙舟竞赛，带给了乡亲们欣喜、欢乐和希望。

1993年，为表彰谢舜良对高明做出的众多贡献，政府向其颁发一等

“金荷奖”，同年他获得广东省“热爱儿童”荣誉奖章，1994 年被授予“佛山市荣誉市民”称号。谢舜良还被佛山市政协推选为港澳委员。他还是高明海外联谊会名誉会长、高明侨联会名誉主席、高明教育基金会名誉会长、高明第六届工商业联合会名誉会长、高明老年诗书画研究会名誉会长、旅港高明同乡会永远荣誉会长。

六、孝

百善孝为先，说孝是中华民族重要的传统美德一点也不为过。

孔子的弟子有若说过：“孝悌也者，其为人之本与!”孝是仁的开始，是道德实践的第一步。说起来，“孝”也是“仁”的一种体现，一个人如果没有仁爱之心，是做不到“孝”的。《说文解字》中对“孝”的解释是“善事父母者，从老、从子，子承老也”。在我们中国“孝”的观念源远流长，甲骨文的“孝”字是个象形字，就像一个人在磕头给老人请安，以表示孝敬。

中国古书上有“香九龄，能温席”的故事，讲的是有个叫黄香的人，先用体温温暖被窝再让父亲睡觉的故事。这个黄香后来当了地方官员，也不负众望，为老百姓做了不少好事。他孝敬父母的事例也流传了下来。

和“孝”对立的行为是不孝，在中国“不孝之人”是全社会都要唾弃的。

按照中华民族传统文化的理解，一个高尚、有道德的人对长辈要尽孝道，对国家要忠诚。因此在封建社会也有“忠君报国”一说，认为忠君报国是孝道思想的升华，精忠报国是为中华民族“尽孝”的集中体现。

（一）为国尽忠的马应房

马应房，字子龙，明朝万历四十年（1612 年）出生于顺德县黎村堡鸡洲乡。父亲马义祥官至云南鹤庆知府。马应房早年在陈岩野先生门下求学，20 岁考取秀才。明亡后，追随老师陈岩野奔走抗击满洲贵族铁骑，出力甚多。清朝顺治四年（1647 年）春天，他陪同陈岩野涉身险地，说服甘竹堡绿林豪强余龙及其部下参加抗清斗争，并留下和余龙一同整训兵将，收复了被清军占领的大良县城。

当年四月，陈岩野在高明县率领抗清部队沿江东下，与马应房、余龙部合兵围攻广州。那时清将李成栋正在广西追击南明永历君臣，闻讯随即回师东下，并放出话来，要先攻占甘竹堡，捣毁顺德兵的老家。余龙的队伍闻讯，顾念家庭老小，军心涣散。陈岩野被迫改变策略，让马应房和余龙率部赶回大良，在黄连堡大江边设伏，阻击清将李成栋。不想余龙部士气低沉，而李成栋精于兵法，早已提防设伏之计。两军对垒，余龙等人英勇捐躯，马应房力尽被擒，押解至大良由清廷知县连城璧审理。

审讯中连城璧嘲弄他："余龙一伙本是打家劫舍的江湖大盗，你相与沆瀣一气，与做贼何异?"马应房冷笑回答："尊驾不通何乃一至于此? 天下兴亡，匹夫有责，岳鹏举（岳飞）抗金，不亦起用么军（南宋洞庭湖农民军）? 文天祥抗元，不亦起用蛮兵（西南地区少数民族武装）? 如果说做贼的话，你身为大明进士，贪生怕死，屈膝事敌，为虎作伥，辱没祖宗社稷，残害同胞手足，才是地地道道的卖国贼!"这些话句句正中连城璧的要害，他气急败坏地说："死到临头还牙尖嘴利? 好啊！我成全你!"喝令左右把马应房推到伏波桥上，抛进滚滚波涛中。马应房面不改色，从容就义。

老师陈岩野得知噩耗，十分悲痛，在军中隆重设祭，亲自捧读祭文道："吾为师，乃不及吾弟子乎? 吾弟子为君而死，实为师而死也。自古死于君者多有之，死于师者，三子之外，曾几何人? 吾不可以负之。"五个月后，陈岩野亦壮烈殉国。后来，大良黎民百姓为马应房设立灵牌，陪祀于大良锦岩岗下的陈岩野先生祠中。

（二）爱民如子的云贵总督

邓华熙（1826—1916），字赤筱，顺德龙山人。咸丰元年（1851 年）中举。咸丰三年（1853 年）广东天地会会众起事，邓华熙随同同乡进士赖子猷参与顺德团练事务。因为办事干练，筹饷得力，事平后论功荐任刑部员外郎。咸丰十年（1860 年）英法联军逼近北京，他时任京师巡防处吏员，上书了数千字的抗敌方略，颇受恭亲王的赏识，被提拔为刑部郎中，后又转任监察御史。

光绪十二年（1886 年）出任云南迤南道道台，次年升任云南布政使，后调任湖北布政使，接着升任安徽、山西、贵州巡抚，署云贵漕运总督。在清廷，总督、巡抚总揽一省或数省的军政大权，势力可以与古代分封疆土而治的诸侯相比，社会上常称为"封疆大吏"。在那个时代，顺德人得功名者不在少数，官至知县、知府，最高为京官，而能当到"封疆大吏"的只有邓华熙一人。

处于腐败黑暗的清末官场，邓华熙是少数干练而廉政的官吏之一。他从政几十年，直到 76 岁才告老还乡，总体上做到了以忧国恤民为根本。在督察院力谏免除桂粮运粤厘税，请饬各省加强防务。执政云南，他为政宽和，赦免大批反清复明的哥老会人员，还积极平反冤案，惩办贪官污吏。在湖北为官，大力整治水患，救灾济贫。在安徽、山西、贵州多省主政，均奋力整肃吏治，减免苛捐杂税。

吴道镕在《广东文征》中评价邓华熙："历官数十年，不求赫赫之名，而能识大体，吏民安之。"邓华熙施政开明，对于西方的先进经验比较重视，酌情推行过一些改革措施，比如兴办学堂、训练新军加试武举中的枪炮项目，以及引进新式生产技术等等。当然他施行的一些改革措施，与当时维新派的主张相比，还是有限的，但对推动地方经济文化的进步仍发挥了有益的作用。

（三）道德清正的布政使

刘士奇，字邦正，顺德龙江人，正德十二年（1517 年）进士。历任刑部主事、刑部员外郎、梧州知府、江西按察使、山东右布政。他为官正直，不趋炎附势。在刑部任职时，锦衣卫军官陶淳滥杀无辜，同僚害怕他的后台硬，都相互推诿不敢过问，刘士奇毅然接受此案，依法严惩了凶手。嘉靖初年，他曾奉旨调查山西、陕西两个藩王和地方官府的纠纷，当时情况十分复杂，他敢于坚持原则，不怕威胁利诱，将犯事的官员全部彻查，坚决递解朝廷依法处理。在江西任按察使时，乡试主考官为结交权贵，拉拢刘士奇破格录取他们的子弟，被严词拒绝，使该主考最终未敢舞弊。

刘士奇在当地方官时，也以洁己爱民、多行善政著称。在梧州任上，不仅对经管的财政收入毫不染指，并且连按惯例可以用作知府津贴费的委输羡余银也分文不取，全部交付官库。当地居民大多居住竹屋，时常发生火灾，他下到民间了解情况后，制订了一系列防护措施，规定房屋之间要保持一定距离，每隔若干户必须修筑障火墙，使火灾危害明显减少。在江西时，有户平民被劣绅诬为盗匪，一家九口被囚禁多年，刘士奇经过深入了解侦查，搞清了事实真相，将一家人全部释放。

因为一生都不置办家产，刘士奇在山东布政使任上因病退休后，家庭生活很快就出现了经济困难，他常常被夫人和子女抱怨，可他毫不介意，以清茶淡饭度日。顺德龙江南部的大金山上，有座残留石马的古墓。经过文博部门访查鉴定，墓主就是明朝中叶的官场二品大员刘士奇。黎民百姓被他的高尚情怀所感动，民间广泛流传一个故事：某日，小贩挑蚬肉沿街叫卖，路过刘士奇家门，刘出来唤住小贩让称二斤。转身回屋取钱，但倾尽钱囊，也凑不足半吊钱，只好向卖蚬人说声对不起，蚬肉不买了。年老的妻子在旁讥讽："你一世以'清'字自豪，如今何不写个'清'字换那蚬肉呢？"刘士奇笑着回答："蚬肉可以不吃，做人总不能不清不白啊！"

第三节 佛山典型近现代家风

佛山近现代家风随着年代的演进有着自己的特征，但它首先是古代地方家风的继承和深化。近现代家风除了具有古代家风的传承性之外，必然带有明显的时代痕迹，例如，爱国、敬业、诚信、友善、尚学和创业；其中创业是与时俱进的产物，是近现代家风的突出特色。

一、爱国

在佛山，由于家风或者长辈的缘故，传递爱国爱乡基因的事例不胜枚举，这里介绍一个名叫刘凌的老乡爱国爱乡事例。

刘凌，1949 年生，高明富湾镇石潭村人。刘凌自小聪颖，倔强开朗，自立自强。从香港柏宇中学毕业后，刘凌就要求到社会去创事业。父亲刘镜待子女较开明民主，本来希望其继续学业，但在儿子的坚持下，也同意了。有朋友介绍刘凌到汇丰银行电脑部工作，尽管他勤奋干活，但仍感到知识欠缺，难以适应。这时才体会到父亲教导读书是有道理的，于是开始利用业余时间上夜校攻读电脑专业，以补救学识短缺。在银行技术岗位他业务熟练，很得上司和同事的欢心，同时还结交了不少朋友。在汇丰的四年，刘凌社会经验成熟了，知识和技术丰富了不少。这个富于自立自强精神的小青年便开始辞职创业之旅。他首先创办了通域有限公司，以经营皮革进出口业务为主，兼营塑料、玩具等业务。后来由于经营有方，公司经销店已发展至意大利、西班牙及东南亚等国家和地区。

刘凌在商海打拼多年，又善于学习和总结经验，对市场变化反应相当灵敏。1992 年，刘镜老先生希望儿子能为故乡荷城尽些赤子之心，做点力所能及的贡献。那时刘凌已成长为一个敢于开拓而又眼光超前的新锐人物，通过广泛深入的考察研究，他认为经济欣欣向荣的荷城，需要配套高层次的服务业和文体事业以增强城市活力，才能吸引外商、刺激消费和树立新形象。据此刘凌针对荷城实际围绕服务行业，倡导新时代观念，引进最新的技术设备，实施新的经营管理方式，使荷城服务业发生了明显的变化。

刘凌对荷城服务业及文体事业的贡献主要体现在四个方面：

1. 兴办层次较高的美容业

1993—1995 年间，刘凌按一流环境、技艺、设备、发型和服务的标准，先后独资或合伙创办了荷城宾馆美容中心、银海美容中心、美丽斯美容中心、高骏美容部。还有美的世界女宾部，这个女宾部设有西餐厅，兼具有培训技术人员的功能。这些中心的开设，带给了顾客全新和高雅的感受，吸引了佛山中心城区、顺德区、南海区以及鹤山市等不少慕名而来的客户，为荷城提高了品牌知名度，增添了新鲜的经济文化气息。

2. 建立高档次购物中心

1994 年，刘凌与人合作，以装修典雅、布置现代的格调开办了荷城第一家具有相当规模的华尔斯购物中心商场，主要经营进口的日用百货，这些货品中有不少属于世界名牌产品。商场还附设了咖啡厅等业态。此商场开业之初曾轰动一时，市民们第一次在家门口欣赏到大都市现代商业的时尚风采，大开了眼界。

3. 设立康乐中心

1994 年，刘凌还投资为荷城引进了当时最先进的接触式电脑选片系统设备和健身器械，兴建了高骏影视康乐中心，该中心设有家庭式影院和健身室、蒸汽浴室等。设有三十多个家庭式观影室，可选影片一千多部，顾客可以按遥控器随意选片欣赏。由于最早时间引进，给人以耳目一新的感觉冲击。同时为了让孩子们提高科技意识，还每周日招待中小学生免费观看。

4. 为荷城增添了的士服务业

1994 年，刘凌注意到高明还没有出租车服务业务，广大市民和外来人员均体会出门不便。他又用心找人合作，购进 8 台的士，开设了中旅社小汽车出租公司，以收费低廉、服务周到和快捷方便深受市民和客商赞誉，这家出租公司是该行业周边地区的首家。

更为可贵的是刘凌的坚守和诚意。他在家乡仅个人投资就达一千多万元，为家乡带来很多新思维、新管理和新创意，但后来由于受亚洲金融危机影响，一些生意开展并不理想，需要持续注入资金才能维系。有些亲朋好意规劝他撤出保本，可刘凌坚决表示，为完成老父的心愿，只要能为国家和家乡做些贡献，即使是亏本搭钱，也要尽力而为、义无反顾。

刘凌对乡情十分看重，继承了父亲重乡情的家风。从 20 世纪 90 年代初开始，他还对家乡的公益事业给予热情的支持，为老家石潭村修筑水泥进村大道、兴办自来水工程、建立指路牌坊、修葺村中祠堂以及在富湾镇设立教育基金会等。后来富湾镇要上马自来水工程，由于资金未及时到位，将耽搁工期，刘凌得知情况主动借款排忧解难。另外，他对高明文联、《高明乡讯》、高明老年诗书画研究会、高明饮食同业商会等均给予热情赞助。作为旅外乡亲的第二代，他遵从老父的爱国爱乡教诲，始终如一地关注家乡建设，具有如此满满的浓厚乡情，是相当难能可贵的。

二、敬业

敬业是一切成功人士的基本要求，很难听到不敬业的人可以成功并持续发达的。有位佛山荣誉市民叫李兆基，他有5个上市企业，在身家市值超过700亿港元的时候，已年过花甲，可依然坚持在第一线辛勤工作，不去享清福，可以说是敬业的典型。

（一）合力创业

1928年李兆基出生于顺德大良，父亲在广州开钱庄。7岁时他常到父亲的“铺头”吃饭，对金融业耳濡目染。小学一毕业就到父亲的银庄干活，从学徒干起。1949年，李兆基携带1000元钱只身到香港创业。起初还是操持比较熟悉的老本行，在几间金铺和兑换店买卖外汇与黄金，毕竟是轻车熟路。在此期间，也买卖过五金和从事进出口经营。

7年之后，李兆基积攒了一笔不少的资金，想进军地产业的愿望也日益强烈。但是凭其当时的资金实力还是不够，1956年，李兆基和郭德胜、冯景禧等股东成立永业公司，购入沙田酒店经营，拉开了进军地产业的序幕。1963年，李兆基与郭德胜、冯景禧再度携手，设立新鸿基企业公司，遍购地皮，广置楼宇，气势风云一时。三人在香港被誉为地产“三剑侠”。到1972年，新鸿基地产股票上市，其后便发展为香港实力最雄厚的地产集团之一。

后来李兆基有了独自创业的想法，将新鸿基放手给其他股东经营，创立了恒基兆业公司。他的敬业劲头极少有人能比，一旦认定一个目标，便全力以赴，锲而不舍，直至成功。为了一个没想清楚的问题，常常通宵推敲。李兆基认为，作为创业者，头脑要灵活，要有眼光，但更重要的是勤奋。看准了的事情，就应比别人先行一步，要“先疾后徐，争取主动”。在地产界，李兆基独具慧眼，投资决策既快又准。又加之其为人诚恳，看重情义，赢得了同行的广泛赞誉。多年来，他的企业几乎与香港各大地产公司都有过合作，相处甚好，为此获得了“百搭地王”的美称。

凭借过人的敬业、敏锐的策略和大胆的经营，李兆基以一连串突出的业绩奠定了其“地产大王”的基础。投身地产界数十年，兴建的楼宇达几百栋之多。其集团规模宏大，后劲十足，潜力不可限量，截至2005年，仅在港九新界就拥有600个可供发展的地盘。

李兆基的远见卓识和丰富经验，不仅使他在商海备受瞩目、如鱼得水，更使其在海内外得到广泛重视。1986年，英国牛津大学将只有蜚声国际的知名人士才能获得的牛津大学荣誉院士名衔颁发给他。1993 年，国务院港澳办和新华社香港分社又聘其为香港事务顾问。

（二）坚信祖国

李兆基从 1975 年成立恒基兆业开始，历经风雨四十载，其主力紧守香江，后来更是大举进军内地市场。这主要源自对祖国的未来和 1997 年香港回归后将来的前途满怀信心。

李兆基曾经与媒体做过坦率的交流，他认为：对一个英明的地产发展商，“1997”并不是一个界限。搞地产，从拆旧楼重建，由头到尾要六至七年时间；在政府公开拍卖会上竞投土地，建楼卖楼也起码需要四个春秋。这些，都是跨越“1997”的。如果对“1997”以后的香港缺乏信心，那就根本没法做下去了。

对于香港地产数十年的跌宕起伏，李兆基早已见怪不怪，处之泰然。1980 年以后，香港备受“1997”问题困扰，中英谈判的艰难、移民风潮的出现，还有中英政府在未来香港政制问题上的分歧等，对香港的影响都不算小。照理而言，香港的地产市场应当由旺趋淡，但实际情况却是楼价稳步上行。

基于李兆基对香港未来走向的认识，恒基兆业通过购买换地权益书，储存了大量土地，其数量在香港地产界是数一数二。仅在 1992 年，就购置了 15 个发展地盘，可建楼宇面积达 130 万平方英尺。直到 2005 年，这个集团的土地存储基本保持在 1700 万平方英尺水平上，可以看出李兆基的十足信心和过人气魄。

在香港，恒基兆业堪称地产巨人，每年出售 200 余万平方英尺的物业，利润收入超过 20 亿港元。另外在物业收租项目上，租金一年的净收益也在 2.5 亿港元以上。可是，李兆基并不歇手，内地迅速崛起的地产市场，使其怦然心动，主动挥师北上，要进一步大展宏图。

恒基兆业在内地投资地产，秉承了在港的一贯风格，重点开发大城市的中心区域。如广州的海珠广场、上海的闸山，以及其他大城市的火车站、地铁上盖或附近等人口稠密、交通便利的中心地带，这些地块均为首选。越是旺地，投资越大，但回报率也越高，这是李兆基的经营之道。

特别值得注意的是，对于李兆基而言，返回内地投资，绝不仅仅是一时的商业行为。在他的胸中，有一颗炽热的爱国之心。

（三）家乡真情

有人采访这位超级富豪时，谈到了财富的意义，李兆基直抒胸臆：“不义而富贵，于我如浮云。”明确表达了要是不择手段、不讲道义，即使发达了也是一文不值，做人就应该有自己的原则和理想。商海搏杀几十年，李兆基看重的并不是金钱和财富，他的结论是，事业成功的那种成就感，才是最令人激动和幸福的。一个人唯有不断地追求卓越、体验成功，才算是实现了自我的人生价值。

到2005年，李兆基已66岁了，要论财富可以说以后数代人都花不完、用不尽了。可他依然极其敬业，对恒基兆业的地产项目照旧亲力亲为，经常在公司工作到晚上八九点钟。公司持有地盘的面积、进价和可供开发物业的业态，他了如指掌、随口道出。时常亲自指导建筑设计，总是换位思考，把自己放在客户位置上，思考住宅设计如何方便实用，细到哪里开门、哪里设计窗户，都有明确的定位。

李兆基为人谦逊，为富且仁，相当热心于香港和家乡的社会公益福利事业。1979年创办了英国牛津大学“李兆基学位”，每年都资助几名学生直接进入牛津大学攻读，用以鼓励奋发上进、品学兼优的年轻人。在香港，他赞助兴办了葵涌顺德联谊总会李兆基中学。

为了改变家乡教育、医疗、文化和体育等多项事业的落后面貌，李兆基尽了不少努力。1978年捐资180万港元扩建了顺德华侨中学，并且设立了设备维修基金。为支持家乡建设捐赠了三台大型推土机和挖掘机。1980年又捐赠310万港元设立顺德医院。1991年捐助500万港元助建体育中心。他还与香港一批爱乡人士创建了培华教育基金会，并担任理事会主席。为培养祖国多种建设人才，李兆基还做了很多贡献。另外，他为兴建顺德容山书院、工商联大厦和重修太平塔，都给予了赞助，被家乡父老称为“热心公益的地产巨子”。

有人曾经问过李兆基对年轻人有何期许，李兆基满怀深情地说：“青年人，我看还是应多读书，多吸收知识。不该老早就想着赚钱，应该培养自己有灵活的头脑。我还是那句话，青年人应该多读书。”

李兆基有两子三女，对子女要求很严。2005年时，长子李家杰、长女李佩雯、次女李佩玲都到恒基帮忙，幼女李佩仪也要求到公司学习，幼子李家诚还在学校读书。李兆基非常看重实战经验的作用，他认为孩子们只有工作几年才能知道他们的能力如何。

三、诚信

精诚和守信是中华民族典型的传统美德，诚信对普通人是基本的道德要求，对以商场为职业的人尤为重要。这里我们要以一位老乡为例，来看看他是如何讲求诚信的，对大家会有所启示。

（一）以信服人

郭铭均，1936 年生，原籍南海平洲夏滘乡。他生长在日本侵华国人处于水火之中的时代，加之家境不好，只读过三年私塾，13 岁被迫辍学，跟着父亲去香港谋生。父亲在一间药行做买卖手，业务娴熟，尤其擅长鉴别参茸等名贵药材。老板因为他父亲的手艺允许郭铭均当童工，他刻苦钻研、勤奋有加，加上父亲的指导，只用了两年多时间就晋升为制药工。他白天在药行打工，晚上和节假日在住地替人加工药材。由于活干得好，客户逐渐增多，业务扩展很快。郭铭均以诚实获得了顾客的信任，尽管没有自己的店铺字号，可在收取加工费上从未遇到过麻烦。

从 1958 年起，郭铭均开始自立门户，首先开设了郭铭记参茸药材行。因为他信用好，熟悉业务，市场洞察力又很强，生意稳打稳扎，蒸蒸日上。此后仅仅数年，又相继开设了中侨参茸药材总行和分行，还兴办了两家酒楼，事业扶摇直上。

郭铭均信奉的处事名言是“诚以待人，乐以助人”，这是其成功之道。有两方面可以证明他坚守自己的理念。

一方面是，在海峡两岸隔绝关系的时期，郭铭均去台湾做生意结识了许多友人，一些人委托其打听大陆亲人的下落，他总是尽其所能不遗余力。为此他曾到过青海、新疆、黑龙江、吉林和辽宁等省区，到过上海、北京和天津等大都市。有位台胞请他寻找妻儿的下落，郭铭均到上海花了 10 天时间，走访了几十人，终于兑现了自己的诺言，替友人找到了亲人。后来他回到大陆，经常有些相识的和不相识的人来拜访他，感谢其使亲人重逢之恩。

另一方面是，20 世纪 60 年代中期，郭铭均常去台北，在马来西亚认识的朋友请他在香港协助聘请名厨和管理人员。他回港后迅速办妥，使该餐厅生意由淡转旺。餐厅董事会成员深为其做人有信守所折服感动，诚意邀请他参加餐厅经营。郭铭均成为股东后，积极改善经营，瞄准市场，以变应变，生意大赚。股东们每人一份股权，但都破例同意给郭铭均两份股权。

郭铭均这样评价自己的商业成功：“我的事业有今天，与伙计尽心竭力的帮助分不开，我的钱是他们帮我揾来的。”业成名就的他对自己几十年创业生涯竟然做了如此谦让的评价。实际上，在香港要成就一番事业谈何容易？其中的艰辛酸苦只有创业者自己才能体会到。只是郭铭均心胸开阔，从未让自己成为金钱的奴隶，能够在得失之间泰然处之，秉持一种平和的心态。而他的信誉、勤奋以及与人为善，既是其事业成功的基础，又使他赢得了社会人士的敬佩。

（二）捐弃前嫌

“文化大革命”对中国人来说就是一场“浩劫”，也给郭铭均造成了严重的精神伤害。

1965 年，郭铭均患上了腰骨痛病，不时去广州就医。一次误入机场，被拘留严加审讯了一天。此事后来还株连到他的老母和姐夫等亲属，老母回内地乡下探亲，被扣返港证 5 个月，回不了香港自己的家。姐夫回乡被扣返港证达 10 年之久，直到改革开放后，才获准回到香港。此事对郭先生打击很大。

随着四人帮倒台，十年动乱结束，内地恢复了正常发展的轨道。南海平洲镇的领导没有忘记老乡郭铭均，利用到香港的机会多次会晤他，讲述家乡情况，使他终于在 1987 年重回老家平洲。

1991 年 5 月，《佛山报》报道了三水西南镇青年农民陆伟东与歹徒英勇搏斗光荣牺牲的消息后，郭铭均从香港专程返乡，带了慰问金和慰问信委托佛山报社转交给烈士的父母。

1991 年底，《佛山报》刊登了两名普通学生患重病众人相帮的消息后，郭铭均立即从香港转来一笔款项，资助两个学生，祝愿他们早日康复。

尽管郭铭均受到了非常不公正的对待，但他还是能捐弃前嫌以真挚的爱，表达着自己对祖国、对家乡和对乡亲们的信守。

（三）心系故土

郭铭均非常热心家乡的建设事业。1987 年以后就经常回乡，老家有什么喜庆活动，总是积极出钱出力，奔波往来于香港和内地之间。

他热爱母校夏滘学校，每次回乡不论时间长短都要挤时间到学校看看。当他认为母校变化不大时，便倡议兴建夏滘中学，主动带头捐资，并成立校董会募捐款项。新学校终于奠基了，他参加了奠基仪式。学校开学后郭铭均又捐资增添设备，设立运动场地，邀请优秀教师赴港参观学习，成立奖学基金会，鼓励学生们努力学习、积极进取。对于捐资兴教，郭铭均认为自己是“乡民一分子，责无旁贷”。

郭铭均还和其他人一起捐集 100 多万港元兴办了平洲敬老院，使孤寡老年人在舒适幽静的环境下安度晚年。每到逢年过节，他会同其他同乡给老人们派发利是，赠送慰问品，使那些无儿无女的老年人感受到这些“特殊儿女”的孝心。

对家乡的各项活动他从来都是鼎力支持。1980 年，南海龙舟队代表中国赴澳大利亚参加国际比赛，郭铭均主动出资赞助。1991 年南海龙舟队赴港参赛，他和其他乡亲组成接待委员会，既筹集资金又负责安排食宿。比赛结束后，旅港乡亲设庆功宴，郭铭均个人承担了120桌酒席的饮品费用。

后来，郭铭均与夏滘同乡会的乡亲，投资300多万港元，在夏滘建起了三层半高的综合大楼，把商场、酒楼、剧院和康乐设施等融为一体，改变了夏滘过去商业落后的面貌。与此同时，他又自己投资150万港元在平洲镇建起了两层楼的龙凤茶楼。郭铭均还介绍了不少朋友到平洲投资办企业。家乡人民也没有忘记这位身在异地、心系家乡的游子，后来郭铭均被选为广州市越秀区政协委员、佛山市南海区政协委员和南海海外联谊会顾问。

四、友善

说到做事为人友善，我们可以讲述一位旅港老乡黄允畋的故事。他不仅对自己创业打拼地——香港地区的人们友善，对内地老家的公益事业更是上心有加。

（一）商界凶险锻造素养

原籍南海官窑的黄允畋，年幼即随父母去广州读书，他机灵聪慧，7岁时已经可以背诵《三字经》《千字文》《成语考》……1938年曾一度回到家乡南海，就读于南海中学高中班，后来转赴香港，考入华夏商学院攻读商科，历经三年寒窗苦，获得了商科专业文凭。

黄允畋的父亲黄梓林，是旅港南海商会的创始人之一。早在1924年，便在香港开设了本德置业有限公司，从事地产开发和经营。初期规模较小，后来与朋友合作投标得中东区海旁的填海权，生意才慢慢做大。

1925年的省港海员大罢工，使其生意受到重创，全家人艰难度日。罢工风潮过后，本德公司在湾仔电车道一带，采取了边填海边建楼边分间出售的经营策略，逐步偿还银行债务，稳扎稳打，重新站稳了脚跟，业务恢复了生机。此后公司的业务不断扩展，进入良性循环。陆续填海建造了轩尼诗道、骆克道以及湾仔等地段，同时相继在道路旁兴建商业和住宅楼宇。

（二）成功之道重情重义

黄允畋1941年商学院毕业后，即加入本德置业公司，秉承父业开始操作地产生意。他从最基层干起，熟悉楼盘的仓库、材料管理、施工管理等基础业务，然后转岗做文员，几年后才出任经理职务。直到1963年，有二十多年经营经历的他出任公司董事会主席兼总经理。

拆除旧楼兴建高层楼宇出租，是本德公司的主要经营方式之一。众所周知，这样的开发难度颇大，尤其是动迁业务。在动员拆迁的过程中，黄允畋总是以诚待人，使拆迁户得偿所愿。他曾经说过：“我们每拆迁一幢旧楼，总是先向政府申请，然后与住客协商迁出。有些住客赖账，不肯交租，我们总是耐心做工作，替人家着想，从来不轻易采用法律手段。只要肯迁出，即使是欠了租金，也不再追究。”

黄允畋是这样说的，也是这样做的，他的言行反映的是自己的人格。黄允畋还认为，即使是做生意，也离不开一个“情”字，要是为了金钱而没有“情义”，人岂不成了钞票的奴隶，变为经济动物了？黄氏家族从事地产70多年，是香港经营地产历史最悠久的企业之一，一直经久不衰，可不单单是“善于经营”所能做到的。

（三）服务社会惠及乡里

在香港，黄允畋具有很高的知名度，为人称颂，其一是因为他在地产业的成就非一般商人所能做到，其二更是他极其热心社会公益。他每天花在生意上的时间、精力很有限，大量时间与精力都花在做社会工作上，所从事的社会福利事业难以计数，取得的效果斐然。除了在香港众多的公益机构出力出钱以外，对内地家乡的多项福利事业，也是不遗余力倾心支持和帮助。

早在祖国抗日战争刚结束时，黄允畋就被推举为南海中学校董，负责在香港筹款维修校舍。黄梓林和黄允畋父子俩献身公益事业，黄梓林捐钱给官窑家乡兴建了明德学校，并出任校董会主席，每年都为学校捐献一笔教育经费。新中国建立后，黄梓林老先生无偿把明德学校捐献给了政府，学校更名为官窑一中。

据不完全统计，仅从20世纪90年代初至21世纪初的十多年里，黄允畋先后捐款40多万元给官窑一中。官窑镇筹建医院，他的公司捐赠了50多万元，另外还给医院赠送了救护车辆。对于南海石门中学也捐助过10多万元作为修葺之用。当年南海撤县设市之际，黄允畋花费25万马克购置德国的心脏彩色探测机送给南海医院，作为南海设市的贺礼。后来又拿出140多万元在群岗村兴建学校。

黄允畋的友善义举，遍及香港和内地家乡及周边地区，主要项目是养老院、孤儿院、医院、学校、残疾人事业、扶贫和赈灾等等。他的友善、他的造福社会，堪称乡亲们的楷模。

五、尚学

在尚学家风的传承中，我们不能不考证一个典型的家庭，即香江名士邓又同先生，他被誉为“岭南文化之集大成者”。他出身豪门，祖父是大名鼎鼎的邓华熙，广东顺德龙山乡人，当过清廷漕运总督，贵州、安徽等省的巡抚，是数省总揽军政大权的封疆大吏。父亲邓本逵，曾是浙江处州知州、宁波知府、宁绍道台，是一位博学多才、思想开明的官员。邓又同生于上海，大学毕业后，多年在教育界搞教学、做管理。同时，持续撰写前朝遗事、民国逸闻，笔耕不辍，誉满香江。此外，还常年供职于民间学术机构学海书楼，为弘扬和传播中华传统文化日夜操劳，不遗余力。邓又同的女儿、作为香港历史学会秘书的邓巧儿，后来接替父亲担任了学海书楼的行政秘书，她秉承尚学家风，努力增添学养，任劳任怨，专业而勤勉地协助完善书楼的运作。尚学是邓家家风的主要特色。

（一）名门尚学

生于钟鸣鼎食之家的邓又同，自幼习惯了车水马龙、冠盖鸿儒和揖来向往的场面。祖父和父亲出身于书香世家，都是寒窗苦读、经纶满腹，才迈入仕途的。因此一脉相传的是游弋学海，精进奋发，清正廉洁的良好家风。

从小便在一群前清翰林挥毫泼墨，吟诗作画中成长的邓又同，浸淫的当然也是锦心绣口和四书五经。祖父的大量藏书是邓又同打开通向外部世界的窗户。父亲和祖父与朝中贤达大量的往来书函，使其对清朝旧事了然于胸。好古敏求的他将这些书札悉心收集，细加分类，作为分析了解前朝贤人极其珍贵的第一手资料。18 岁时他又开始收集金石文物，还有名人书册。到了 20 多岁，已珍藏了大量的文物。凭借海量的素材和学养的积淀，大学一毕业，他就出版了自己的第一本著书《清代广东翰林考》。该书考订精致，饮誉士林。

从广东国民大学毕业的邓又同，还主动游学国外。剑河垂柳、塞纳书香、古堡幽钟，令他流连忘返。传统的东方文化奠定了其坚实的国学基础，欧洲的当代文明又给年轻的邓又同以新的震撼和洗礼。两种文化的碰撞，开拓了他的视野，更带给其对文化的深邃思考。

后来他又登上了印度的国土，前去拜见圣雄甘地。甘地优雅的风度，坚持和平和不抵抗主义的精神风貌深深感染了他。许多年来，甘地的话语依然萦绕在耳边：“我们不一定胜利，但只要努力，就永不遗憾。”在印度国际大学，邓又同还拜会了著名诗人泰戈尔。

（二）勤耕不辍

长期任职于教育界的邓又同，先后担任澳门公立孔教中学校长、广东邓氏高密中学校长等职。除了专心教书育人之外，他花费了大量时间和精力来撰写多种文史随笔、札记和回忆录。

因为他长期和众多近现代名人交往，又具有极佳的记忆力，文笔古雅，加之史料充足扎实，几十年的时间里，他在《大公报》副刊、《春秋》杂志等媒体上发表过大量文史文章，澄清了不少历史疑案，披露了许多鲜为人知的历史事件如：溥仪在清廷废除后，仍在宫中制仪依然，闭门称朕；梁鼎芬崇陵种树，四处筹款；林则徐以钦差大臣身份，巡阅澳门，禁止鸦片流通；邓华熙在安徽推行大量新政的情况和细节；王国维死因分析；梁鼎芬痛骂袁世凯的信札以及朱九江的殿试捐等。

这些前朝往事，本已湮灭如烟，可邓又同却在残篇断简的只言片语中，钩沉爬梳连缀成文，使人们在忙碌的人生中得以静心展卷，咀嚼往昔，明智而通古今。邓又同推荐的文章和人物，大多以人品学识俱佳为主，例如林则徐、陈邦彦、李文田和梁启超等。其目的不仅在于让后人清晰回溯前朝烟云，更要让他们从前贤的善行佳言中传承优秀道德文化的精髓，感悟为人处世的原则。邓又同在望九之年依然挥毫不辍，佳作频出，可谓香江文坛的一道亮丽风景线。

（三）香续书楼

学海书楼非常有名。清廷覆没江山易主之时，七位翰林便从内地南迁到香港。在太史赖际熙的倡议下决意建造一座书楼，专门讲授四书五经、诸子百家，以振国学，唤醒民心。在一批商绅的赞助下书楼建成，称为“学海书楼”，聘请众多饱学之士、名儒宿学登台讲课。这座书楼作为有九十多年历史的民间文化学术机构，与邓又同血肉相连数十年。

一直参与当年盛况的邓又同，曾用饱含深情之笔描述昔日讲学情况：“……在书楼设坛讲学，每周二次，每当太史公登坛，全场肃静，鸦雀无声，听众屏营，毕恭毕敬。太史长衫布履，雍容端坐，听众起立致敬，然后坐下。讲课既毕，致礼如仪。斯时授课，以《四书》《五经》为主，阐扬孔孟之道与《春秋》微言大义，弘扬国粹，挽救世道人心于失坠之余。”

在几十年的时间里，目睹昔日杏坛风流，如今数度变迁但学风犹盛的学海书楼，邓又同自然感慨万千。从 20 世纪 70 年代担任书楼行政秘书以后，他诚邀术有专攻的专家教授到场讲学，如罗香林、饶宗颐、唐君毅和伍宪子等人，因而吸引了许多文史爱好者前来听讲。这些饱学之士咳珠吐玉，目送手挥，神采飞扬，他们深入浅出地推广了传统文化，带动了香港学术氛围的形成。邓又同还利用自己交游广洽的人脉关系，把讲座持续向港内大小图书馆扩展，使其完善为一个作用明显而远近闻名的虚拟公共教育网络。

与之同时，邓先生还查阅海量典籍资料，文不按古，探赜索隐，撰写成《学海书楼讲学目录集》《学海书楼藏书目录》《李氏泰华楼三世及其事迹》《陈湛铨先生讲学集》《学海书楼主讲翰林文钞》《邓和简公奏议》等书，对搜集整理本地的文化典籍起着难以估量的作用。

六、创业

在佛山乡亲中，从20世纪至今，艰苦创业不乏其人，事例可能不胜枚举。在茫茫文献中，笔者发现了一位特殊的传奇人物，他由于家庭问题被关了30年的牢狱，直到54岁年过半百才得以走出监狱的大门，从一无所有开始了创业生涯，在短短的十多年时间里，创造了奇迹，并且持续回报祖国和家乡人民。他就是被佛山市政府授予“佛山荣誉市民”的周多理。

（一）半生劫难

周多理是石湾澜石镇鄱阳乡人，童年时候在佛山读书，青年时期在中山大学攻读中文专业，大学刚毕业就赶上了南方大地的解放。因为受到家庭问题的牵连，他在监狱中整整度过了30个年头。在漫长的30年时间里，他曾经在官山劳改石矿场打过炮眼，也在风雪严寒的北大荒开垦过处女地，他还三次被判过死刑。幸好都赶上了宽待政策，一次次度过了鬼门关。尽管周多理在逆境中身心受尽折磨，但他始终热爱生活、珍惜生命。周多理自知是清白的，坚信终有平反昭雪的一天，所以顽强与命运抗争，处逆境而泰然。

从一个大学刚毕业的热血青年受冤入狱，直到54岁才走出监狱的大门，考虑到自己的特殊境遇，周多理在1980年春毅然前往香港打工创业。

（二）从零创业

说到香港，那就是一个惨烈竞争的商贸战场，对于一个刚从北大荒监狱爬出来的半百老头来说，能够站得住脚跟已非易事，更别谈兴家创业了。如果把周多理的前半生比作历经磨难的生死之劫，那么他的后半生则是关系存亡的拼死搏杀。面对眼前的另一种人生考验，周多理义无反顾，挺身而上。他暗地里发誓：“在自己所剩无多的余年，要以生命夺回逝去了的三十载光阴，要以生命的力量放射出哪怕是一点点微弱的光芒。”

从那时起，他风餐露宿夜以继日，奋战商场。到港之初，在一家酒楼打工，为实现创业梦想，多劳少息，每天打几份工。白天劳累一天，晚上又替人值夜班，还兼职做课外补习教师。多年来生活上省吃俭用从不乱花一分钱，每天最多休息6小时，少则不到4小时。他生活节俭到了无以复加的程度，每月几份工收入加起来有一万多港币，所工作的酒楼前有个水果摊，买一个橙子需要两毛钱，一次实在忍不住了想去买个尝尝，走到水果摊边，想起两毛港币是家乡妻儿的一日米粮啊，于是返回了工作的酒楼。后来还是想吃，又向水果摊走去，他又想起古人云“集腋成裘，积沙成丘”，创业资本就是要一分一毫积攒起来，最后还是没有花那两毛钱。周多理到香港的第一年没买过一个水果，他的资本就是这样积少成多的。

在有了少量资本后，泽生企业有限公司董事局非常赏识周多理的才能，吸纳他加入公司经营。后来，他担任宝城酒楼执行董事总经理，当时公司要扩张，授权他全权收买地下相连的六间铺位，卖方送给他10万元回扣，并说这是合理合法的。可周多理将这10万元交回公司，使企业节省了10万元做成买卖。这件事轰动了香港整个酒楼行业，人们交口称赞他的诚实，而后周多理声名大振。不少名酒楼邀其合伙。因此周多理先后发展了几家酒楼，并开办了长安泰国际贸易公司、好多利发展有限公司等商贸企业。周多理就是这样以“坦诚”待人，以“勤俭”处事。功夫不负苦心人，在激烈竞争的香港，他终于奠定了稳固的经商基础。

（三）情系家乡

周多理身在香港，但情系故土，只要能为故乡出一份力，能为祖国添砖加瓦都会感到欣慰。相当可贵的是，他在创业的时候一个水果都舍不得买，但事业初有所成，就开始为老家一次次地做出力所能及的捐赠。还为家乡的多项公益事业，穿针引线引进资金和技术人才。他不图名利，在鄱阳乡村口建了一座桥，乡亲们提议命名为“周多理桥”，他婉言谢绝，提议以“思乡桥”命名。

周多理侠骨柔肠，积极为人排忧解难。亲朋同学发生疾苦和困难，总是竭力帮助关怀备至。“乡土之情是我中华儿女的优良传统，生于斯、长于斯，家乡的一草一木都赋予我以无限的深情，怎能不令我怀恋呢！”这是他发自肺腑的声音。

1994年周多理以“老吾老以及人之老”的博爱之心，发动香港石湾海外乡亲会成员筹集经费礼品，回石湾开展敬老活动。在石湾影剧院举行了粤曲敬老大会，还给石湾四个镇的所有老人敬奉利是和礼品。

曾有人询问：“阁下已是六十许人了，还这样奔波，不觉得劳累吗?”周多理回答：“天行健，君子以自强不息。流水不腐，户枢不蠹。活动就是延年益寿的良方。况且人的生命有限，而事业却是无限的。以有限的生命创造无限的事业，这怎能不自我鞭策、努力向前呢！中青年时代的大好韶光虚度了，我还能不以仅有的余年发奋做人吗！”

周多理以自己半生的奋斗史，将李商隐的名句“夕阳无限好，只是近黄昏”加以升华，用个人的生命之笔书写了“虽已是黄昏，夕阳无限好”

的人生绝句。

（四）矢志不渝

对于后半生成长于斯的香港，周多理先生长期致力于其繁荣稳定，积极参与社区的多项活动，被授予不少社会职务和荣誉。

特别令人钦佩的是，他的深明大义、正气凛然的品质。在大是大非面前，毫不含糊，总是以祖国的尊严和同胞的利益为重。在内地大亚湾核电站建设之初，不少香港同胞不明真相，受到一些别有用心者的误导和挑唆而加以反对，周多理很快组织前往韩国釜山核电站实地考察，了解第一手情况。回港后举行记者招待会，公开发表韩国釜山核电站考察报告，以翔实的数据资料为论据，论证了大亚湾核电站的可靠性和安全性，以事实说理，力驳谣言，消除了民众的疑虑，为祖国的核建设事业做出了自己的贡献。

1989 年春夏之交的政治风波，周多理没有被种种谣言所迷惑。他坚信，党和政府的大政方针是正确的，以自己目睹的事实为香港同胞释疑解惑，并组织 150 多港澳同胞和美国、加拿大籍华人回乡考察参观。当大家看到家乡的安定繁荣，民众安居乐业的情景时，都感慨地说："耳闻不如目见啊！祖国这番美好成就，不回来考察一下，怎么可以知道呢!"有的外籍华人还说："外边许多谣传，把祖国说得一无是处，今次回来实地考察，了解了事实真相。回去之后，一定要将所见所闻，告诉亲朋戚友，以使外边的人了解祖国的实情。"在这样特殊的时期，周多理成功组团回内地考察，所产生的效果是难以估量的。

在香港回归祖国过渡期问题上，港英政府炮制出违反基本法三原则的"政制改革方案"。面对这样的图谋，周多理多方努力，积极寻求化解不利于祖国的政治因素。1994 年 9 月，在港展开三级政制的区议会选举这一环节的较量中，他积极运作，大力支持爱港爱国人士竞选，取得了辉煌的成果。这样的义举，再次体现了周多理的民族情怀。

周多理的种种行为充分体现了其过人的胆识，反映了他拳拳赤子之心。他的一生充满了爱乡爱国、丹心一片的耀人光辉。

第四节　对佛山家风及现实的总体评析

一、对佛山传统家风的评析

（一）佛山传统家风释义

在中国两千多年的封建文化中，家庭和家族占有非常重要的地位，家庭或家族的成员作为个体，只能依附于小群体——家庭/家族才能生存与发展，在家庭/家族之上的大群体则是国家。在家庭或者家族这类小群体中，其文化规矩如家训、家规、家诫和家礼等，对于保持家庭/家族稳定延续以至于社会的安定团结都起到了至关重要的作用。

纵观中国历史典籍，传统家风起源于东汉时期，兴盛于魏晋南北朝，是封建世族教育的一种形式和传承。所以从封建伦理的角度来对家风展开论述，这样比较符合实际。

对于佛山传统家风的概括和评述，我们也是基于如上中国国情，基于传统家风的起源，将其总结为“仁、义、礼、智、信、孝”六大部分。通过这六大部分中典型人物和史料的回顾来进行讲评和分析，以得出经验性的结论，作为现今家庭及其成员的借鉴。

（二）佛山传统家风的作用和特点

孔子的高徒曾参在《礼记·大学》中提出“古之欲明明德于天下者，先治其国；欲治其国者，先齐其家；欲齐其家者，先修其身；欲修其身者，先正其心；欲正其心者，先诚其意；欲诚其意者，先致其知，致知在格物。”其中“修身齐家治国平天下”，是封建儒家文化精神中的经典部分。就是说一个人要在社会上有所作为，首先要修身；自身有很高的修养，才能维护好家庭；维护好了家庭的人才可以治理好国家；国家治理好了才能使天下和谐平安。

从佛山传统家风下熏陶出来的人士，大多有着“修身齐家治国平天下”的高尚情怀，都是把个人的修养最终与人民安乐、国家强盛和社会太平联系在一起的，是一种“理小家”而“顾大家”的精神，不是止步于“满足个人修养的需要”。

从史料的本质上看，佛山人的传统家风及其意义，还与人的价值观紧密相连。这种价值观以群体利益为服务对象，家庭成员要维护家庭集体的利益，家庭成员更要维护顶层群体即国家的利益，家庭成员必须以国家利益为最高利益。为了国家利益可以放弃个人或家庭利益，这就是传统佛山人的价值观。

（三）良好传统家风对多个受益方的贡献

佛山传统家风的行为主体是什么？从总结的史料典籍事例来看，行为主体是家庭成员、家庭和家族。那么传承和光大家风的受益方包括哪些呢？对小群体而言，是从家庭成员到家庭和家族；对大群体而言，是从黎民百姓群体到整体的国家。有一个需要说明的问题是，在中国两千多年的封建社会中，君王是国家的最高统治者，也可以说是“国家的象征”，忠君也可以等于忠于国家。在佛山历史人物的事例中，我们可以看出，遵循了传统家风，家庭成员就健康发达，家庭/家族也会延续兴旺。

从佛山传统家风的文献发掘还可以看出，良好的家风可以使国家、黎民百姓、家族、家庭及家庭成员多方受益，因此传统的好家风可以延续传承数代人。对于国家和民族而言，坊间的良好家风对于建设和保卫国家，促进民族融合与团结都有着十分重要的作用。因此封建社会的君王，某种意义上代表国家政权，都对良好家风持欣赏和支持态度。还有从促进中西文化交融的梁廷枏、梁发的事例看，他们的作用是使国人睁开眼睛看世界，促进了西方先进科技和技术进入中国。庞上梓、陈克侯和陈博文等古代官吏兴利除弊，发展生产，心系百姓，清正廉洁，兴修水利，造福百姓，他们为黎民百姓的福祉鞠躬尽瘁死而后已。从戴鸿惠一门五代从教可以看出，这个家族在教化黎民方面做出了卓越的贡献。康有为的康氏家族通过科举入仕的家风，使整个家族多代兴旺发达。至于通过优良的家风家训，使家族成员或家庭成员自身发迹成长的事例则举不胜举，例如文理兼长的科学家邹伯奇、才智横溢的名臣张荫桓、爱民如子的云贵总督邓华熙和道德清正的布政使刘士奇等。

二、对佛山近现代家风的评析

（一）佛山近现代家风释义

回顾中国近现代政治文化的历史变迁，我们可以得知，1840 年以后，西方列强用坚船和利炮，轰开了清政府紧闭着的国门，也带来了政治、经济、思想和文化等西方文明。来自国外的多方面、多角度的客观因素，引起了古老中国社会主观因素——人们思维的变化。清王朝中一些开明官员和社会知识分子明确提出“师夷长技以制夷”和“中学为体，西学为用”

等著名口号和原则，以求获得西方的“器物技能”。孙中山领导的辛亥革命，让存续了两千多年的中国封建专制政体终为共和政体所取代。1915 年以《新青年》杂志创刊为标志的新文化运动，极大冲击了以儒家学说为核心的臣属型政治文化，使中国开始走上政治文化现代化的道路。这种国家政治文化的变迁轨迹使佛山家风的表现形式、内容和关注点都产生了明显的变化，其中一些要素开始与西方的相通、相融。

基于如上政治文化的变迁，以及所能检索到的佛山文献典籍史料，我们试从“爱国、敬业、诚信、友善、尚学和创业”六个方面，来总结近现代佛山家风典型人物和事件。这里爱国是针对国家而言的，敬业和创业是针对社会职业的，诚信和友善是针对他人的，尚学是针对个人素质的。我们再回过头来看看上面传统家风的描述情况，它是基于封建伦理的视角以及专制的文化形态，从“仁、义、礼、智、信、孝”六方面展开的，所针对的是国家、黎民百姓、家族、家庭和家庭成员。通过传统家风和近现代家风总结和展现情况的对比，我们不难看出家风也是随着时代的变化而变化的，即家风的内涵也是与时俱进的。

（二）佛山近现代家风的作用及特点

关于近现代佛山人家风的爱国方面。我们需要注意与传统家风的传承与区别。传统家风的爱国，内含着忠于君王，忠君也是报国，或者说热爱国家等同于热爱皇帝。只有维护和服从专制的文化形态，家庭成员或者家族成员才是“守正”，才可以被称作“正人君子”。近现代佛山家风与传统家风的相同之处，是爱国包含着热爱家乡、热爱家乡的父老乡亲。

关于尚学方面，近现代佛山家风与传统家风是一脉相承的关系。但是尚学的内容发生了明显变化和扩展，比如在传统时代，要想走入仕途，主要学习“求善”，即是谋求治国安邦的德行和权术，掌握以四书五经等儒家经典为代表的封建伦理。而在民间为了生存和过上温饱的日子，人们要学会造纸术、纺织、印刷术和瓷器制造等应用技术，以及农学、医学和天文等实用科学。在近现代，中国延续了一千三百多年的封建科举制度被取消，除了传统知识内容外，人们开始向西方学习“求真”，以追求事物的本源为目标，学习数理化等自然科学和近现代科学生产技术，以便指导自己去征服自然和改造自然。尚学方面还出现了一种新趋势——去海外求学，直接接受先进西方国家的教育和科学技术，并且这类学子的人数随着时代的发展而逐渐增多。

至于诚信和友善，虽然在传统家风中未提及，但是隐含的事例和人物是存在的。需要注意的是，在近现代“诚信”的含义里已经注入了市场经济的基因，就是一个人的诚信不但指对他人的诚信，更是意味着他所代表的社会单元如企业的诚信度。

对于社会职业的敬业和创业方面，敬业在传统家风和近现代家风中都有体现，而在创业方面主要体现在近现代家风中。因为在中国的封建时代，商品经济一直是被抑制的对象，商人被认为是“下九流”；而在近现代，商品经济逐渐占据了中国经济的主流地位，尤其是在21世纪初的中国社会，创业创新已经成为全民最时髦的事业。

（三）佛山近现代家风代表人物的贡献

1. 在多方面做出杰出的贡献

首先是促进了本地社会和经济的发展，例如出生于顺德大良的李兆基是敬业的杰出代表，从开始怀揣1000元钱小本去香港创业，先通过与人合力创业成为香港的地产翘楚，成为香港实力最雄厚的地产商之一。然后又独自创业开办了恒基兆业公司，投身地产界数十年，兴建的楼宇达数百栋之多，仅到2005年在港九新界就拥有600个待开发的楼盘。

2. 对家乡建设和改善乡亲生活的贡献

祖籍高明石潭村的刘凌对故乡荷城的发展出了很多力，兴办了多个高层次的美容中心，建立了高档次的购物中心，设立了先进的影视康乐中心，提高了中小学生的科技意识，还为荷城首次增添了的士服务业，为家乡的通商开放尽了力。刘凌在家乡的个人投资就超过了千万元。

3. 在排除千难万险坚持创业方面树立了良好的榜样

祖籍石湾澜石镇的周多理，蒙冤入狱30年，三次被判死刑。54岁走出监狱从零开始创业，经过难以想象的艰苦奋斗，才站稳了脚跟。在香港回归等重大事件上，始终坚持站在祖国一边，始终坚持维护中华民族的切身利益，体现着他宽广的民族情怀。

4. 在教育子女成才、做人方面的样板

刘凌的父亲刘镜在刘凌小时候要求儿子努力学习掌握本领，刘凌到了工作岗位才体会到父亲教导读书有道理，而后上夜校攻读补救学识短板。在刘凌事业发达后，刘镜老先生又要求儿子为故乡荷城尽赤子之心。还有李兆基先生对子女要求甚严，创造机会让他们在实践中增长才干，做个对民族和社会有用的人。李兆基对社会青年人的希望是：“青年人，我看还是应多读书，多吸收知识。不该老早就想着赚钱，应该培养自己有灵活的头脑。我还是那句话，青年人应该多读书。”

实际上，这些良好家风代表人物还有个最重要的贡献，那就是为祖国、为家乡带来了现代市场经济的意识，带来了现代商业管理的方式方法，引进了现代的科学技术和设备，还培训了内地或家乡的技术人员和工人，使家乡的经济、商业、教育、社会服务业以及所涉及的职业人员，开始面向现代化、面向世界和面向未来。

三、传统家风与近现代家风的互补与融合

通过如上分析，我们可以看出，佛山的传统家风和近现代家风是各有特色的。传统家风是基于封建世族教育的形式和传承，从封建伦理的视角来总结和回顾的，分为“仁、义、礼、智、信、孝”六大部分。通过家风，可以把个人的修身和维护家庭、治理国家以及天下和谐太平有机结合起来，通过整理家庭或者家族这个“小家”，来间接和共同维护国家这个“大家”，这就形成了古代国人的“家国情怀”。近现代家风中“爱国”的含义，有了发展和进化，爱国单指热爱自己的祖国，不再包括忠实和臣服于皇帝，明确远离专制文化。尚学包含了学习当代科学技术，以及主动走向海外出国留学。至于近现代家风中的诚信已经由单纯的对他人的诚信，扩展和提升到了社会个人和社会组织之间相互诚信的高度。

我们通过比较还可以看出，传统家风和近现代家风也是可以相互补充、相互融合的。在21世纪的今天，佛山家风也需要继承中华民族传统文化中的家庭美德，吸收其中的“真、善、美”。

佛山的传统家风和近现代家风还有相互衔接和相互融合的关系。近现代的佛山家风除了有选择地吸收国外的先进东西外，继承和衔接传统家风也是十分必要的。家风是一种重要的文化基因，存在一个相当长培育和发展的历史时期，历史不能凭空割断，家风也是一样，需要延续和培育。

第三章

佛山家教文化及评析

第一节　国内家教含义和对家教的解读

一、国内对家教含义的认识

借助于相关著作及互联网，笔者得到家庭教育的内涵是：“家庭教育是家庭内部家长对子女的言传身教。家庭教育是子女在家庭接受的影响和教育，是一个人一生初始化教育，对于人有非常显著的影响作用。”①

相关解释还进一步说明：“中国人由于注重家庭，所以传下来不少家庭教育的读本、箴言和故事。在民间有《家训诗》《二十四孝》等故事。较为正式的还有古代学人的家训集。经常以姓氏作为家训名称，如著名的《颜氏家训》就是北齐颜之推所传给子孙的。”

今日中国的家庭教育，基本上还是由长辈传授家中的经验、人生的历程给晚辈学习。然而社会变迁速度越来越快，晚辈从长辈训诲中学到的见解不见得对今日社会合宜，或有需要进一步转换与延伸，这一点也造成了许多中国家庭的问题。举凡家庭暴力、失学儿童、孤独老人等现代社会问题，除了社会上的种种客观原因，可以说或多或少都与家庭教育有关。

笔者认为，家庭教育是家庭中家长或其他家庭/家族成员对于晚辈关于素质、知识和技能的培养和强化。

家庭教育是一个社会人走向社会之前的第一阶段教育，是随之而来的学校教育（含学前班）和社会教育的起点教育；家庭教育的成效对个人随后的学校教育和社会教育有着至关重要的影响和作用。在家庭教育中，父母是子女的第一责任人。

家庭教育是一种长辈实施的主动性行为，仅仅将其理解为长辈潜移默化的影响，以及对道德、经验和阅历的言传身教，已经不能承载现今家庭教育的内涵了。从现实中我们会发现，现代家庭中的孩子有许多东西要学。无论是学前还是进入小学、中学以后，家长们不惜花费大量时间和金钱，让子女学习现代知识、学习技术，提高能力，比如学舞蹈、绘画、武术、奥数、表演、航模、音乐和外语等等。多数家长花钱陪同孩子参加培训班学习，具有一技之长的家长还亲自操刀教授子女，笔者一位老友的女儿钢琴弹奏得很出众，一问才知，是姥爷亲自教授的。

① 词汇释义见百度百科，2015. 11.

当今的家庭教育与其实施者家长或其他家庭/家族成员文化和知识水平相关，但相关性最大的还是教育实施者的家教知识和能力。在很多年以前，不少中小学老师已经开始要求家长批改子女的学校作业，除了打分有的老师还要求家长写评语，第二天上学时老师要检查。笔者在自己孩子中小学时就长期体验过批改作业的滋味，那时我就在思考，自己一个大学教师还能勉强应付，那些文化程度不高的工人师傅、农民兄弟该怎么办呢？相比之下，处于偏远农村贫困家庭的孩子在家庭教育方面是相当弱势的，因为他们的长辈文化不高又缺少财力，因此偏远贫困地区和中心城市地区的孩子教育环境相差很大，在接受国家义务教育之前，就已经处于截然不同的文化起跑线了。

这里我们需要澄清的是，学校老师要求家长协助子女学习，如亲自批改作业或者到学校清扫卫生等等，那是学校教育向家庭教育的“无理延伸”，这些项目的责任人是学校和老师，而不是家庭和父母；同时家庭作业和学校卫生清理也不属于家庭教育范围。

二、国内对家教重要性及作用的解读

习近平总书记2015年春节团拜会的讲话非常耐人寻味。他说，中华民族自古以来就重视家庭、重视亲情。家和万事兴、天伦之乐、尊老爱幼、贤妻良母、相夫教子勤俭持家等，都体现了中国人的这种观念。“慈母手中线，游子身上衣。临行密密缝，意恐迟迟归。谁言寸草心，报得三春晖。”唐代诗人孟郊的这首《游子吟》，生动表达了中国人深厚的家庭情结。家庭是社会的细胞，是人生的第一所学校。不论时代发生多大变化，不论生活格局发生多大变化，我们都要重视家庭建设，注重家庭、注重家教、注重家风，紧密结合培育和弘扬社会主义核心价值观，发扬光大中华民族传统家庭美德，促进家庭和睦，促进亲人相亲相爱，促进下一代健康成长，促进老年人老有所养，使千千万万个家庭成为国家发展、民族进步、社会和谐的重要支点。

在讲话中习总书记精辟阐述了家庭、家教、家风与社会主义核心价值观、国家发展、民族进步以及社会和谐之间的支撑关系，说明了家庭、家教和家风的重要性。可以看出一个家庭的家教如何，不是仅仅关乎家庭和成员的小事，多个家庭的家教如何是关乎国家和民族兴衰的大事。

有的权威资料还提出，家教是家长通过自己的实际行动来教育子女做人做事的礼节，同时家教和受教育程度不挂钩，家教的重点在于道德、礼节方面。

家教传统意义上讲是指家庭内道德、礼节的教育，我们经常会听说，这个孩子没家教，某人家的家教很严格等。家教的本来意义是帮助孩子健康成长，教会孩子做人的道理，家教是个体社会化非常重要的途径。

三、现实国内家教的误区与变革出路

在21世纪初的现代中国社会，家庭教育确实需要根据社会发展的现实来对其概念和意义重新审视和定位。中华民族传统家教有不少优良的内容，我们必须继承和发扬；但是也有一些过时的东西或糟粕需要扬弃，比如君王至上、严格的社会和家庭等级关系等。现代家庭教育除了继承传统家教的优秀内容外，更要升华——弘扬、延伸和扩展。从某种意义上讲，现代家教更注重开放和创新。我们要学习西方家教中优秀的部分，要在中国传统家教的基点上提炼和升华更优异的理念和方式。

一个社会人的教育可以划分为三个阶段：家庭教育阶段、学校教育阶段和社会（职业）教育阶段。这三个阶段各有其功能和特点，原则上是各自独立存在，不能相互替代的。但也必须承认，在科学技术飞速发展的今天，三个教育阶段已经相互渗透、相互融合，边界也变得日益模糊。比如，几十年前，没有“学前教育”这一说，现在城市的孩子们上“学前班”很普遍。还有很多年以前，中小学的家庭作业很少，不少学生在学校就完成了。而现在许多中小学生的爸妈，每天晚上至少有一人陪同和督促孩子完成作业，经常是小孩子九、十点钟作业还写不完，觉也不够睡，这些都是事实。

经过研究和比对，笔者认为佛山目前家庭教育的误区主要有：

1. 过分否定国内家教，过分肯定西方家教

近些年来，相当多的学位论文和期刊文章认为，西方国家家庭教育大多数是优点，而我国的家庭教育过于传统和落后，应全面向西方学习。持这种观点的人对中西方文化历史的分析还不够透彻。先进西方国家家庭教育比较开放和进步，源于他们祖先文化的独立、求真精神。我们中国家教比较保守与迟缓，来源于两千多年封建思想的制约，尤其是专制文化的长期统治地位。但这并不等于传统的思想就一无是处，比如佛山地区的状元文化，还有面向先进的海外求学意识等等。

2. 对家庭教育没有概念或者完全忽视

现在不少年轻的家长不知道家教为何物，更不要说开展健康有益的家庭教育活动了。家庭教育包括素质、知识和技能的多方面教育。其中素质教育除了创造条件让孩子读书学习，还需要父母和其他长辈的言传身教。

而我们的少数家长自己不遵守社会公共道德，不讲文明礼貌，个别的甚至怂恿子女乘地铁或公交车逃票。这样的家庭教育为儿女将来的成长留下了极大的隐忧。如今在高等学府中，会时不时看到乱扔垃圾或烟头等不文明的现象，这其实就是家庭教育缺失或不足的恶果。遵守社会基本的公共秩序和道德，是家庭教育的范围，绝不是孩子上小学后学校教育的内容。

还有一个需要注意的问题，就是家教和家风之间区别，它们不是一个概念。笔者认为，家风涵盖于家庭教育之中，家庭教育包括家风教育。家风隶属于家庭的素质教育，是家庭成员素质的一种特色。

3. 以学校教育替代家庭教育

这种以学校教育替代家庭教育的思想，在市场经济十分繁荣的当下是很有市场和代表性的。相当一部分家长认为，孩子懂事了要去上学接受教育，以后是学校的事了。孩子有事找家长，那是学校和老师在推脱教育责任：你是学校、你是老师，是你教育不好的问题，与家长没关系。还有的家长认为，作为父母负有教育的责任，但是现在的社会太繁忙、太浮躁，家长为了家庭的生计而奔波，没有精力照管子女，只能依赖学校和老师了。实际上学校教育是无法替代家庭教育的，学校教育的实施主体是学校，直接责任人是班主任和专业课教师，学校教育的内容是在家庭教育内容基础上的德智体美劳全面教育。而家庭教育的实施主体是家庭/家族，直接责任人是父母及其他长辈，教育内容是人生初始的素质、知识和技能。有的小学、中学甚至大学教师抱怨有些学生素质太差、没教养，抱怨学生该懂的道理和知识都不懂，该做的事都不会做；这些都是孩子的长辈尤其是父母没有尽到家庭教育的责任，致使学校教育无法接续，这样的孩子已经输在了起跑线上。

4. 用家庭教育替代学校教育

多年来，政府教育主管部门尽管做出了不少努力和改革，但学校教育因为长时期的缺陷和弊病，依旧不尽如人意。一些家长让子女到西方国家接受教育来规避国内教育的弊端，现实情况是留学生出国的年龄不断降低，从改革开放初期的读博、读硕，发展到读本科、读专科，后来是读高初中，直到现在已经有小学就去国外就读了。这种情况是以西方学校教育来替代中国学校教育的做法。

国内还有一些家长对国内的学校教育质疑颇深，甚至非常反感。他们爱子心切，认为现有教育体制对子女是摧残和折磨，采取了非常极端的方式，在家自己办学教孩子。现在北京、上海等一些大城市均有这样的一些家长，或自己或联合在家教授子女；还有一些家长建立了网上联盟，通过网络相互沟通信息和传授经验。笔者认为，在家教孩子不可能完成小学、中学和大学全部课程的教育，无论在任何阶段重返国家教育体系，都会非常困难，甚至不可能实现；如果出现那种情况，家长和孩子要如何面对呢?

这里有个问题要指出来，因为国家规定，所有适龄的孩子都要接受九年义务教育，自己在家教孩子，实际上是违犯了国家九年义务教育法，是存在很大风险的。

5. 用传统教育来顶替现代教育

现在，还出现另一种教育现象，在书院学习中国传统文化内容，比如四书五经，以此替代现实学校教育。其实中国的传统教育是历史的产物，它有道德品质教育的优点，却也存在着缺少自然科学、科技知识和能力教育缺失的不足。把千百年以前的传统教育搬过来当作学习主业来实施，本身就是一种教育的倒退。真正符合时代要求的现代教育不但不能倒退，反而应当超前。因此传统教育的优秀成分，例如国学知识等内容，只能作为现代学校教育内容的组成部分，不存在替代当今学校教学体系全部内容的可能性。

根据如上国内家庭教育的误区和困惑，我们必须通过变革探索出适于现代教育方略的家庭教育新出路。家庭教育新出路有个长期探索和实践的过程，现在只能明确一个方向，没有成熟的道路可以借鉴。这主要由政府引领导向，要保持和弘扬中华民族古代、近代传统家教的精华部分，也需要借鉴和学习西方家教的有益部分，鼓励千万个家庭精心培育、大胆实践，逐步形成符合社会主义核心价值观的现代家教理念和实践。

第二节　佛山典型传统家教情况

在对佛山传统家教评析和叙述时，笔者把典型案例归纳成“为国、为族、为家、为人、为官和为技”六大方面。还要说明的是，在本地历史典籍文献中，可以找到家庭教育痕迹的，大部分是官宦人家、诗书家庭、商贾人家，以及具有技术专长的家庭或家族，一般的农户或其他劳动人民家庭几乎没有。这说明家庭教育传承是需要一定的经济和文化基础的；每日衣食堪忧的人家，即使某一代培育了良好的家教，由于不掌握基础文化，连文字都不识，是难以向后代延续传承的。

一、为国

（一）陈子壮碧血丹心光照人间

岭南名士陈子壮（1596—1647），字集生，南海沙贝村人。明末“岭南三忠”之首，抗清英雄。

陈子壮的父亲陈熙昌是个饱读诗书的进士，在朝廷做过官。母亲是知书达理的大家闺秀。伯父陈熙韶在广西思恩府当知府。因此，他自幼受到良好的家庭教育，4 岁能文，7 岁能诗，有神童之称。23 岁高中探花，成为传诵一时的佳话。

1625 年，陈子壮出任浙江乡试主考官。时值权奸当道，魏忠贤等把持朝政，曾想笼络他。魏忠贤新修府第，请他题写“元勋”二字的匾额。陈子壮生性耿直，推辞不写。他还撰文《论历代宦官之祸》论述历代宦官的胡作非为，进呈给皇帝。魏忠贤十分痛恨，随即派党羽栽赃陷害，昏庸的天启皇帝偏听偏信，罢免了陈子壮父子的官职。

后来天启皇帝驾崩，思宗朱由检继位，魏忠贤迅即垮台。陈子壮得以复出，恢复原职。后来又升任礼部侍郎兼侍读学士，充经筵日讲官。每当在群臣满座的殿堂中开讲，陈子壮总有治国安邦的滔滔宏论，君臣皆为之击节叫好。

1643 年，广州及附近数县发生大灾荒，粮价高涨，广州城内乞讨者日渐增多。陈子壮不但自己出资，还四处奔走筹款，组织救济。他在城内分区设点，每天向灾民施粥。据《广州通志》记载，数千人因得到他的救济而存活下来。

（二）“香港华人精英”何启

1879 年，在英国阿伯丁（Aberdeen）大学，人们以惊讶和羡慕的眼光看着一位黄皮肤黑头发的年轻人，带着医学学士和外科硕士头衔离开校门。这个年轻人就是年仅 20 岁的中国人何启。

何启（1859—1914），字迪之，原籍南海西樵。幼时随英籍私人教师学习，打下良好的英文基础，12 岁考入中央书院时，因成绩优秀，连跳四级。仅过一年，何启赴英国留学，四年后获医学学士和外科硕士学位。接着进入林肯法律学院学习，1881 年获法律学士学位，取得大律师资格。回香港后，因学业成绩超群，港督赞誉他是华人精英。

在香港，何启以第一位华人西医师称号挂牌行医，但当时一般群众尚不习惯求西医诊治，有病爱找中医，甚至求神问卜。医务所不久歇业，他也改为从事律师业务。从 1866 年开始，何启被港英政府先后任命为洁净局绅、保良局绅和团防局绅。

作为一位医学硕士，他没有忘记要使先进的西方医疗技术为中国人防病治病的愿望。1887 年，爱港爱国的何启，将结婚不到三年便病逝的妻子英国人雅丽氏的遗产捐出，创建雅丽氏医院。接着，何启积极倡议筹建专为中国学生而设的香港西医书院（香港大学医学院前身），他不但参与书院的领导工作，还亲自教授法医。首期招收的学生中，有孙逸仙（孙中山）等 12 人。孙中山在校期间深受何启主张学习西方科技、提倡新政、割除旧弊思想的影响，后来成为中华民国的创始人、中国民主革命的先行者。

1911 年，何启参与创建的香港大学开学，香港西医书院改名为香港医学院，于次年并入香港大学。

睿智的何启担任香港立法局议员长达 24 年之久，以他过人的智慧、公正的心态、勇敢的作风赢得了港人的尊敬和爱戴。他抨击腐败现象、赌博歪风，替华人撑腰的机智和胆识受到社会的普遍好评。

政治上，他竭力主张学习西方技术、提倡新政，对康有为、梁启超忠于王朝的思想进行勇敢的批判。胡滨在《中国近代改良主义思想》一书中这样评价何启和胡礼垣：“他们从爱国心出发，表达对西方官员提出的改良措施的不满，他们坚持国家要富强，不能只靠军事力量的决心，而要靠人民的拥护……”

何启支持孙中山的革命活动，以他的声望掩护兴中会在香港设立的据点，为革命做出了较大贡献。1899 年，他还与区凤墀协助陈少白在香港创办《中国日报》宣传革命。

（三）“中国铁路之父”詹天佑

詹天佑（1861—1919），字眷诚，广东南海人。中国首位铁路工程师，被周恩来总理誉为“中国铁路之父”，并有“中国近代工程技术之父”之称。他负责修建的京张铁路是第一条由中国人自己修建的铁路。

他是赴美留学的南海少年，幼年就读私塾。作为中国第一批官办留美学生，怀着学习西方技艺的理想，随中国第一个留美的耶鲁大学毕业生、香山道台容闳留学美国。1881 年詹天佑以优异成绩毕业于耶鲁大学，获学士学位。

1. 科技救国的爱国主义精神

回国后詹天佑并没有被安排到铁路部门任职，因为当时清政府洋务派官员过分迷信外国，一味依靠洋人修筑铁路，不让中国人参与。1888 年，机会终于来了，中国铁路公司在天津成立。詹天佑经人推荐得以进入，成为中国首位铁路工程师。他开始负责修筑塘沽到天津的津榆铁路，仅用 70 多天就完成铺轨工程。后在上海被聘为上海中国铁路公司工程参议，筹划江苏沪宁铁路并调查道清铁路（道口至清化，150 公里）。

1905 年，已经在铁路建设方面小有名气的詹天佑被派主持修筑京张铁路，担任总工程师。京张铁路从北京至张家口，长约 200 公里，位于通往西北之交通要道。1909 年 8 月，京张铁路三段工程全部完工，历时四年，比原计划提前两年，总费用只有外国承包商所要的五分之一。京张铁路震惊世界，被外国工程师视为奇迹，参加通车典礼的中外来宾多达万余人。这是詹天佑一生最大的贡献，他以中国首条自建铁路的设计和建造者载入史册。

2. 中国知识分子的精神品格

詹天佑还是“中国近代工程技术之父”，他的贡献是多方面的。创办的中华工程师学会，是工程技术人员的学校和家园。他制定的工程技术标准，对推动工程技术的发展起到了基础的作用；他的精神和品格，已经成为近代中国知识分子的楷模。

1912 年，詹天佑召集上海、广州的工程学术团体在广州创办了首个多学科的中华工程师会，并担任会长。中华工程师会十分重视培养中国的工程技术人才，尤其是对青年人的培养倾注了大量心血。詹天佑会长除自己做出榜样外，还告诫青年：“工程事业，必学术经验相辅而行，徒持空谈，断难行事。”这是他一生身体力行的科学精神，也是注重实学的广府文化、岭南文化在他身上的体现。

詹天佑还撰著了一批工程著作。1913 年，政府委任詹天佑为交通部技监，致力于工程技术的著述和标准的制定。他的这些科技工程著作，也同他主持修筑的铁路一样，是留给中国人民的宝贵财富。

后来，詹天佑为维护中国铁路权利，与西方列强进行了坚决的斗争。1919年1月，美、英、法、日、意等国在海参崴成立西伯利亚铁路监管委员会，妄图把中俄合办的中东铁路也划归该会监管。作为交通部技监的詹天佑受命往海参崴和哈尔滨任协约国监督远东铁路会议中国代表，不顾身患腹疾，冒着严寒赶赴会议。他与企图霸占我国北满中东铁路的日方代表论战，取得了我国保护中东铁路的权利。詹天佑在会议期间因疲劳过度，旧疾复发，被迫回国。几天后心力衰竭悄然离世，终年59岁。他的爱国、科学、创新和建设的精神，成为后代缅怀和学习的榜样，也激励着中国工程技术人员和知识分子发奋努力，报效祖国，鞠躬尽瘁，死而后已。

二、为族

（一）康有为的教育世家

清末维新派领袖、大儒康有为少年时曾居住南海银塘乡延香老屋，这是其曾祖父康云衢的宅地。经过高祖康文耀、曾祖康式鹏、祖父康赞修、父亲康达初四代持续藏书、读书，宅中已存书籍数万卷。青少年时代的康有为每到晴朗的夏天，就领着弟弟有溥，把浩繁书籍搬到室外晾晒。

康氏家族中不乏学识渊博之士，从事教育者常见。康有为的高祖康文耀，是嘉庆甲子（1804年）科举人，曾受学于同县学者、礼部郎中冯成修和钦州学者翰林院编修冯敏昌，后来康文耀回乡授徒讲学，设立了炳堂家塾。康有为的父亲康达初，是岭南儒学大师朱次琦的学生，在清军中戎马五年，后任江西知县。因喘病无法赴任，回家养病，依然教授乡里。

从历史上看，康氏家族的祖祖辈辈，不少是通过科举入仕担任地方官吏，但更多的人是从事儒学研究和传播的教职，真所谓为儒为吏诲人不倦的书香门第。康家确实称得上“谈笑有鸿儒，往来无白丁”的“教育世家”。

康氏家族重视和从事教育的优良传统，不但为康有为所继承，更重要的是他在当时新形势下加以发扬光大，成为他维新变法的重要动力源泉。

1886年6月，康有为赴京师应顺天乡试不第，开始冥思苦想救国的道理，认为国家衰败乃人才缺乏所致，于是决意回归讲学于粤城。他非常重视教育事业，把从事教育工作当作开展政治维新运动、振兴中国的主要手段。1891年春，康有为在广州开办了长兴学舍，他“与诸子日夕讲业，大发求仁之义，而讲中外之故，救中国之法”。不少有志青年被他的新颖学说吸引。每讲一学，则高坐堂上，不设书本，而援古证今，诵引传说，原始要终，会通中外，一讲就是半天。康有为强记雄辩，滔滔数万言，如狮子吼，如黄河流，诚可谓诲人不倦的一代师表。①

（二）六代相传名医吴采南

吴采南（1886—1952），原籍顺德陈村溪乡，是佛山镇有名的儿科中医，毕生治愈患者无数，医术医德有口皆碑。吴采南医术得自家传。清顺治年间，吴采南的先祖吴日明由陈村迁居佛山镇三圣宫。其后父子相传，到吴采南已历六代了。

中国自古中医多出自世家，吴采南从小耳濡目染，对三指把关、望闻问切的岐黄之术，早已是心领神会。随着临症众多，又多方搜购中医典籍，每晚习学，学识和经验日丰，练就了一手精湛医术。更难得的，是随时记录医案，著作成书《儿科实验汇方》，使后人能知其行医的心得及辨证施治的经验。

吴采南出身清贫，加上世代业医，对劳苦大众有同情心，对婴幼儿有爱护之心，故此经常赠医施药。是以在20世纪三四十年代，吴采南在两广声名大噪，竟至家喻户晓，妇孺皆知。省、港、本地前来求医者众，每日不下三数百。

吴采南的医馆内设有藏书室，满架盈屋都是藏书。业医之余，他著有《儿科实验汇方》一书，是其重要医学成果。全书约2万字，是医治多种疾病处方的汇集。在每道处方之前，有临床症状的记录。在许多条处方之后，有医案或施治的心得。②

（三）佛山剪纸传人梁朗生

名闻中外的佛山剪纸，与岭南丰富多彩的民俗和岁时节令活动紧密结合，是我国南方最具影响力的商品型剪纸。它源于两宋，胜于明清，清代经营剪纸的店号就有30多家，从业人员三四百人，佛山镇和近郊不少妇女以此为副业。新中国成立后，佛山剪纸继承传统、推陈出新，一批批反映现实生活的剪纸大放异彩。在从传统向现代的跨越中，剪纸艺人梁朗生发挥了承前启后的作用，功不可没。

梁朗生祖籍三水，出生于传统剪纸世家。民国期间，父兄在佛山镇福禄路开设“泰昌号”，经营剪纸、木版年画，并以门笺、门钱为主。梁朗生耳闻目睹，从小就学习剪纸制作。当时门笺、门钱需求量很大，每到春

---

① 佛山炎黄文化研究会，佛山市政协文教体卫委员会．佛山历史人物录［M］．广州：花城出版社，2009.

② 佛山炎黄文化研究会，佛山市政协文教体卫委员会．佛山历史人物录［M］．广州：花城出版社，2009.

节，家家户户在门楣上贴新门笺，在灶头、米缸、茶缸等处换上新“福笺”“镶样福寿”；浮家泛宅的大小船只，也都在船头、船尾、船舱等处贴上新的门笺、门钱；一些大商户和大户人家，也专门订造不同故事内容的门笺、门钱，到处喜气洋洋地辞旧岁，迎新春。梁朗生因应社会需求，擅长花鸟、纹样图案和民间故事的创作。

从 1957 年起，梁朗生陆续收杨永雄、郭守仁、陈希尹、梁志炎等人为徒，吸纳社会上零散的剪纸工人，成立了剪纸车间，队伍发展到 30 多人，以后陆续增加，鼎盛时达五六十人。他一边传授剪纸技术，一边挖掘整理了大批传统剪纸，如《六国大封相》《牛郎织女》《狮子滚球》以及龙、凤、鹦鹉、花卉等。

梁朗生为人谦逊慈祥，不事张扬，对徒弟循循善诱，情同子侄，先后培训了剪纸艺徒 60 多人。他的作品以纯色为主，主题突出，结构严谨，装饰性强。代表作有《宝鸭穿莲》《百花齐放》《长江大桥》等。其中《百花齐放》《庆丰收》等作品收入约翰·温纳编辑出版的《中国剪纸》。[①]

三、为家

（一）跌打世家梁财信

19 世纪初至 20 世纪初，佛山澜石有间诊所十分兴旺，省内外许多骨伤患者慕名前来求医，这就是远近闻名的梁财信医馆。

梁财信（1773—1855），南海县魁岗堡澜石村人，是梁财信医馆的创始人，以跌打医术闻名于世。

梁财信年轻时以务农为生，练得一身武艺。20 多岁时为盗贼暗算，被打跛双足，找跌打医生潘日舒求医。因交不起医药费，治愈后梁财信以家奴身份随潘日舒行走江湖。潘日舒喜欢他为人诚恳，不但向他传授跌打技术，临终前还将所有医书和秘传笔记传给他。于是 42 岁的梁财信就在澜石以方伯家庙钟鼓楼为馆址，使用“保元堂”堂名，挂起“梁财信医馆”的招牌行医。他先后治愈了许多严重粉碎性骨折、刀伤、枪伤的危重病人，名声大振，加上大量生产跌打膏、丹、丸、散、酒投放市场，逐渐成为当地巨富。

梁财信没有儿子，其兄财广的长子兰长、次子桂长过继给他，继承衣钵，正式主诊。梁财广的第三子腾长也随叔父学会跌打医术，到顺德陈村

① 佛山炎黄文化研究会，佛山市政协文教体卫委员会．佛山历史人物录［M］．广州：花城出版社，2009.

开设医馆。

梁桂长有9个儿子，其中5个继承祖业医术，以长子梁贯之最有名气。梁贯之不但精通跌打医术，还擅长内科，比祖、父辈更胜一筹。梁财信医馆最兴旺的时期，正是清末民初梁贯之主持馆务之时。6张医台同时开诊，省内各地以及湖南、广西许多患者都慕名前来就医，澜石河边每天停泊求医者乘坐的小艇多达一二百艘。

民国时期，梁财信家族曾孙有100多人，玄孙一代更发展至200多人。民国三年（1914年）梁贯之辞世后，梁财信医馆便由集中转向分散。这个时期，梁财信医馆发展至19间，其中佛山4间，广州6间，香港3间，澳门、江门、韶关、大良、容奇、西南各1间。另有一些子孙当军医和医科教师。

新中国成立后，广州6间梁氏制药工场并为梁财信总行，以后参加公私合营制药厂；其他各地梁氏制药工场也参加所在地的公私合营企业，梁财信跌打成药重新畅销国内外。20世纪50年代，梁财信玄孙梁理平参加佛山联合诊所，后转佛山市中医院骨科医生，把祖传秘方和制药工具献给国家。后来佛山所生产的梁财信跌打成药仍然使用梁财信医馆的传统药方。其他各地从事医药业的梁氏子孙，也参加了所在地的医疗卫生机构。他们把传统医术、制药技术与现代科学结合起来，继续造福中国人民。

（二）武术世家黄飞鸿

历史名镇哺育了佛山武术，历经数百年的曲折发展，佛山已经成为岭南武术的重要基地。多年来，热爱中国功夫的海外来客先后到佛山寻根问祖，印证了流传于世界各地的蔡李佛拳、咏春拳和洪拳都传自佛山。

黄飞鸿（1856—1925），是南海县西樵禄舟村人。祖父黄泰是洪拳名家陆亚彩的门徒，父亲黄麒英继承衣钵，又把洪拳传给黄飞鸿。黄飞鸿出生于武学世家，却长于内忧外患、动荡不安的年代。为养家糊口，父亲黄麒英开设生草药铺，还带上12岁的黄飞鸿来往广州、佛山，在街头卖艺，推销自制的跌打药丸。

黄飞鸿自小勤学苦练武功，尽得父亲真传，5岁就能朗诵诗文，口才出众。13岁后又得晚清广东武坛十虎之一铁桥三的弟子林福成的真传，经过一年多的苦练，终于学成了铁线拳、飞铊等秘技，成为铁桥三的第二代传人。

黄飞鸿断断续续在佛山生活了十多年，一直到16岁，在广州第十甫水脚开设武馆，结束了卖艺生涯。后来又在广州新豆栏开设宝芝林药局，行医济世，传授武术。

黄飞鸿父亲黄麒英深知人情冷暖，世态炎凉，经常教导黄飞鸿要虚怀若谷，与人为善。黄飞鸿牢记父亲“用拳头谋生，必然与人结怨；以医为业，就能广结人缘”的教诲，为人甚为谦逊和蔼，有儒者风度。他身材壮而高大，走路时两手总摆在后面笑面迎人。常称自己为“豆腐教头”，即武功并不怎样。其实黄飞鸿的飞铊入埕、狮子采高青、无影脚、杨五郎八卦枪等武技已经登峰造极。后来黄飞鸿在广州十三行仁安街设宝芝林医馆，在门前醒目书写：“武艺功夫难以传授，千金不传，求师莫问。”从此一心行医，再无授徒。

（三）何御史清白传家

何沾，字宗泽，顺德桂圃（乐从镇小布村）人。明孝宗弘治十五年（1502 年）与兄何淳同科中进士，授行人司行人（官名，掌传旨、册封等职），后转任南京监察御史。为官刚正清廉，与同乡何珖（成化进士，历任桐庐知县、监察御史、梧州知府、广西参政）、何允魁（嘉靖进士，历任行人司行人、监察御史、浦江知县）合称“桂圃三直”。

正德初年，何沾奉旨出使安南国，国王送他一份厚礼，他却不纳。回京后，宦官头子刘瑾向他索贿不遂，非常恼火，及至侦知他在安南却礼之事，总算没挟怨报复。

何沾任南京监察御史时，有个任千户（军职名）的熟人行凶杀人，被官府判了死刑，托人送来一万两白银，请求代为说情减罪，何沾当场严词拒绝。那时官场贿赂成风，何沾本有许多机会获得意外之财而神不知鬼不觉，但他一直洁身自爱，毫不沾染，结果为官多年而仍家无长物，囊橐屡空。亲戚朋友问他日后留什么给子孙，他笑笑说：“清白，这就够了。”

后来，何沾因直谏触怒权贵，被贬官福州。未及到任，即猝然去世。身后家境萧条，可儿孙们都能恪守“清白”遗训，回乡耕读度日。

四、为人

（一）广东奇才邹伯奇

邹伯奇（1819—1869），字特夫，南海泌冲人。邹伯奇出身教育世家。小时候，他的外祖父和父亲便注重对他数学、科学的教育，这些为他以后在天文学、数学、光学、地理学、仪器制造等方面研究打下坚实的基础。邹伯奇聪明过人，勤奋好学，善于用科学的思维结合现实所思所见进行科学研究，并用数学的方式进行解说，破除迷信。他聪明好学，博览群书，勤于探索，会通中西，精通天文、地理、数学、物理，是近代广东第一位科学家。

邹伯奇 17 岁开始研究光学，对北宋科学家沈括“格术”（研究光线通过焦点成倒像的原理）之说做了详尽的探讨，并经过反复实验，写成《格术补》，分析了透镜成像的规律，以及望远镜、显微镜的多种光学原理。1844 年，25 岁的邹伯奇制成中国第一台摄影机。

邹伯奇对数学有很深的造诣。他著有《乘方睫术》一书，阐述了乘方、开方及对数的应用。研制成对数尺和度算板两种计算器，并撰写《对数尺记》和《度算板释例》以说明它们的原理和应用。

邹伯奇悉心专研天文学，经常于夜间登上村后的鳌峰岗观测天象。他制作成天球仪和以日影和星宿位置测定时间的“日夜晷”。他又指导弟子经过实地勘测，先后绘制了广州《浔岗洲图》和南海《桑园围全图》等地方地图。

邹伯奇在科学研究上成绩超卓，在学术界声名鹊起，咸丰十年（1860 年）被推举为学海堂学长。广东巡抚郭嵩焘对邹伯奇的才华十分器重，于同治三年（1864 年）上疏推举他到京城同文馆任职，他却不为可以飞黄腾达的机会所动。清廷虽三下优诏征聘，他都以有病而推辞。同治七年（1868 年），曾国藩在上海江南制造总局设立学校，几番想请邹伯奇去教数学，也被他坚决拒绝。他安于清贫，不愿趋炎附势，可以说是一心研究科学，不会追逐名利。①

（二）粤中大儒朱次琦

朱次琦（1807—1881），南海九江人，亦称朱九江或九江先生。他出生于乡绅之家，母亲也略通文史。朱次琦自小便受到家庭的良好教育，7 岁能诗。青年时他和多数读书人一样，想通过科举之道，达到经世济民的愿望，先后到广州入读羊城书院和越华书院，很受书院山长器重。但是走仕途不顺，朱次琦 32 岁才考中举人，待考得进士时，已经是 40 岁了。

道光二十九年（1849 年），朱次琦到山西任知县，实行“以儒为治”，在百姓中注重道德教育，刑清政简，廉洁奉公，又鼓励兴修水利，开垦耕地，增加生产，深受山西百姓爱戴。他自恃清廉，得罪了权贵。在官场劳碌七年的朱次琦终于意识到，自己当官济世为民的理想是很难实现的，只好辞官归里，寻找另一条理想之路。

“男儿自有千秋业，堪笑平生志大魁。”朱次琦淡泊功名，回到家乡南海九江礼山草堂潜心讲学，不再出仕。他谢绝广州学海堂书院礼聘他出任学长之职。同治元年（1862 年），朱次琦作为知名学者被下诏起用，他托

---

① 梁荣新. 南海名人一百［M］. 佛山：南海杏泉阁，2004.

病不赴。

朱次琦讲学以经、史、掌故、性理和辞章五学教人，要求学者全面发展，尤注重道德与节气的培养。他强调“读书以明理，明理以处事，先以治其心，随而应天下国家之用”。朱次琦的道德与学问深受远近读书人敬仰。康有为、简朝亮、梁耀枢、黄鲁逸等文化名人都曾拜读于礼山堂门下。

光绪七年（1881 年）七月，朝廷为表彰朱次琦“讲明正学，身体力行，比闾族党，熏德善良”而赐他五品卿衔。同年底朱次琦病逝，终年 75 岁。临终前两月，这位岭南大学者将自己多年的著述书稿一把火全部烧掉，其原因不知为何。

（三）招雨田心仁行善

招雨田（1829—1923），禅城区澜石招地人。出生于贫贱之家，14 岁便由舅父介绍到香港打工谋生，刻苦勤俭，为雇主所赏识信用，几年后把他提拔为管理人员。雇主最后更资助他与朋友合伙做生意，初在佛山经营“祥和号”，后到香港创“广茂泰”洋行。他苦心经营，业务蒸蒸日上，分号扩展到东南亚各地。招雨田坐镇香港总部，事事亲力亲为，凡往来账目、外埠信件必日日清点，终成为香港一大富商。

招雨田读书不多，但平生笃信忠义、礼义、廉耻之古训。发家致富后，不忘社会公益事业。他经常教育家人：“散我之有余，济人之不足，谓之仁心，谓之善行。”有一位合伙人因急需用钱而将股份让给他，他支以现金解同仁之急，股约仅代为保存。后来生意发达，招雨田慷慨将股约返还，股红如数计发，其心之仁，其行之善，由此可见。

招雨田是一位大慈善家，在家乡赈灾、修堤，兴乡学，事事带头。宣统年间他慷慨捐资救助福建灾民，朝廷特奖励他五品同知衔，但招雨田不慕虚荣，且告诫子孙“君子以俭德避难，不可荣与禄”。1915 年广东洪水泛滥，珠江三角洲沦为泽国，他献出两万多银元，好善之德，闻名全国，民国大总统特奖以四等嘉禾章。1918 年再获褒奖，并获颁“好行其德”的匾额。1919 年，内务部呈准奖给紫禄绶银质奖章。

招雨田治家，对上尊孝父母，对晚辈循循善诱，提倡“毋骄而让，毋奢而俭，毋酷而泰；家有田而耕，商有店而理，架有书而读，以俭德避艰，不以荣以禄”，要求家人谨守奉从。朋友谈论“多财必为患”，认为是现今社会的哲理，而招雨田却认为“财多而不善用则为患”。

招雨田经商八十载，事业兴盛，子孙繁衍，有子 5 人，孙 28 人，曾孙 28 人，还有玄孙 1 人，五代同堂。招雨田勤俭发家、乐善致富的一生，成为香港佛山乡亲的美谈。

五、为官

（一）不拜魏祠的李待问

李待问（1582—1642），字献衷，号葵孺（或作葵儒），佛山人。由于家贫无钱上学，由母亲教他识字。他天资聪明，邻里都赞为“神童”。金鱼堂私塾陈先生免费让他入塾读书，由于勤奋刻苦，乡试、会试皆中。1604 年 23 岁便赐同进士出身，授福建连城知县。1610 年起李待问在礼部、吏部、督察院和户部等重要机构任职。他反对宦党，不肯阿附宦党头子魏忠贤。

1626 年李待问任督察院检都御史，巡抚应天府。当时魏忠贤权倾朝野，一手遮天，对朝廷官员生杀予夺，还到处建造生祠，要各地官员拜祀。更把南京的生祠建在明孝陵大道上，凡是去谒陵的官员，都会被守祠的太监要求去拜祀魏祠。李待问到应天府上任，照例要谒陵，但他谒陵后立即驱车赴任，不去拜祀魏祠。魏忠贤怀恨在心，借事罗织罪名陷害他，李待问只得托病辞职。

后来在崇祯朝，李待问官至户部尚书。他对佛山地方慈善、社会公益事业非常热心。1605 年与长兄李好问捐款修建祖庙门楼，后来留下祖庙大庙门口木联一对。1613 年倡建“忠义营”，以保境安民。1625 年与兄李征问捐款修建通济桥，把木板桥改造成石桥并建一凉亭。1634 年捐资修建通往省城的大路羊城古道。1641 年捐资修建祖庙和照壁。1642 年在佛山创建文昌书院，这是佛山最早的书院。

（二）兴利除弊发展生产的庞嵩

庞嵩（1510—1587），字振卿，佛山张槎弼唐村人。自幼勤奋好学，博通经史。嘉靖二十三年（1544 年）出任应天府（南京）通判，后升任治中，代行府尹职责。他初到任时，地方遇上大饥荒，亲自开仓赈灾，直到官仓空匮，又向巨室富家买米继续赈济灾民，从而使 6 万多人得以活命。庞嵩筑堤防洪，开垦荒地，发展农业生产。他不畏权贵，秉公执法，纠正冤案。皇室外戚王涌霸占平民之妻，举人赵君仗势杀人，庞嵩将他们论罪判处死刑。当时为王、赵二人说情解脱者大有人在，庞嵩始终不为所动。

庞嵩铁面无私，明察秋毫，使许多沉冤得雪，恶人得报，人心大快。由于执法公正严明，庞嵩升调南京刑部员外郎，再升郎中。他发现刑部很多官吏不熟悉法律，或滥用法令营私，便写了《原刑》《司刑》《祥刑》《明刑》四篇文章，统称《刑曹志》，指导司法官秉公执法，为明朝法制建设做出了很大贡献。

庞嵩后来升任云南曲靖知府。曲靖山高林密，民族杂居，经济文化落后。他到任后从发展文化教育和生产入手，把中原书籍翻译成三种民族文字，刻印成《同文编》，供人民学习。又疏浚盘龙江，开采矿藏，为当地百姓造福。庞嵩还视察民情，常常单骑出巡，自备饮食，从不扰民。

由于为官清正，为当地百姓造福，为民申冤，他所任过的地方都对他赞赏有加，应天府人民称他为“庞青天”。应天、曲靖府都把他供奉入名宦祠，葛仙乡更建庞嵩专祠纪念他。

庞嵩从不逢迎巴结，后来被人诬陷罢官。回乡后在广州天关书院讲学和研究学问，并拜理学大师湛若水为师。由于功底深厚，再加勤奋专研，尽得湛氏学派精粹，在湛氏四千多弟子中，他是最受器重的一个。湛若水曾得意地说：“吕泾野、弼唐两人，一南一北传授我的学问，我的学说不会孤单了。”并仿照老师陈白沙的做法，将蒲葵笠传授给庞嵩。湛氏逝世后，庞嵩主持天关书院。其时陈白沙及其弟子湛若水的学派被称为“广宗”，王阳明学派称为“浙宗”，两派分庭抗礼。庞嵩把理学这两大派的异同点加以“会通”，指出广宗所说的“天理”，与浙宗所说的“良知”其实是一致的，只是求证方法不同而已。结果两派弟子都心悦诚服，较好地解决了这一学术争端，这无疑是庞嵩对理学所做的重大贡献。从此，庞嵩的学术声望越来越高，被公认为是当时南粤理学宗师，人称“圣儒”。

庞嵩在家乡有很高声望。他提倡“联族以恩，处乡以睦”，教育乡人和睦相处。他制订的“小宗祠之制”，上祀始祖，下祀父母，旁及支子，对维系宗族内部和乡里之间的稳定有积极意义，珠江三角洲其他姓氏群起仿效，对珠江三角洲传统孝悌礼仪的培养发挥了一定作用。

晚年，他隐居西樵山，协助重辟白云洞，亲书白云洞铭文，至今保存完好。

（三）兴学教化的何梦瑶

何梦瑶（1693—1764），南海大沙（西樵崇北村）人。清雍正八年（1730 年）进士，历任广西义宁、阳朔、思恩等知县，调升奉天（辽宁）辽阳知府。他少年时就有诗名，与罗天尺等结“南园诗社”，相互唱酬。广东学政惠士奇把何梦瑶、罗天尺等八人收为入室弟子，称为“惠门八子”。

他从政 20 年，致力于改革弊政，判案审慎、准确，不枉不纵，明敏吏治，有“神君”之誉。何梦瑶为官清廉，两袖清风，从广西思恩县升迁到辽宁当州牧时，竟无钱雇请车船。

他酷爱医学，医术精湛，一边当官，一边行医。任广西思恩县令时，疫病流行，何梦瑶亲自为患者诊疗，又以自编的《四诊》为教材，培训当地医生，救治了大批病人，遏制了时疫的流行。他在中国医学史上有一定地位，两广图书馆曾把他的主要医学著作汇编成《医方全书》12卷。广东不少名医是何梦瑶的学生。他学识渊博，数学、音律等都有专著问世。晚年出任过广州粤秀书院、越华书院和肇庆瑞溪书院院长，为广东培养人才。

何梦瑶还是一位地方志的史家。雍正八年授官广西时，上司曾请他编修《广西志》。任岑溪县令时，主编《岑溪县志》四卷。辞官回广东后，应肇庆知府之邀，编修《肇庆府志》。

何梦瑶的后代主要以中医为生，儿子何子蛟、曾孙何清臣，也以医名于世，何氏家族传至九代，至今仍有人行医。

六、为技

（一）咏春拳宗师叶问

叶问（1893—1972），南海佛山镇人。佛山叶氏家族是名门大族，叶氏家宅占据了半条桑园大街，被称为“叶家庄”。当年佛山咏春拳宗师梁赞的首徒陈华顺租用桑园叶家宗祠设馆授徒，年仅7岁的叶问便拜陈华顺为师。陈对此幼徒极为疼爱，各年长师兄吴仲素、陈汝锦、雷汝齐等，对此年幼师弟更是照顾有加。陈华顺临终前特意嘱咐弟子吴仲素助其完成艺业。叶问16岁时，离开佛山求学外地，就读于香港圣士提反学院。后来叶又随梁赞之子梁璧习武，技艺日臻精湛。

佛山沦陷时，日军欲邀请他担任宪兵队的中国武术教练，但一向抱守民族正义的他，当然拒绝日本宪兵队之请。日本宪兵队在盛怒之下，指派武术高手与叶问比武，声言如叶问打败则听命差使。结果叶问以高强的武功打败了对手。随后叶问暂离佛山避祸。抗日战争胜利后，叶问在县府刑事单位任职，曾在升平路升平戏院内亲擒劫匪，得到上级赏识。1941年在佛山招收第一批门徒。

1950年初，叶问赴港定居，致力于咏春拳的推广与普及。叶问授徒注重“习武先立品”“重节而轻利”。他从来不以什么“奇人异事”“特异功能”“武林绝学”等哗众取宠，处处要求门人刻苦练武。他的人品武艺，在武术界和社会上都有很高的威望。

1955年，14岁的李小龙拜叶问为师，学习咏春拳，日后成为武打巨星。自从李小龙成名后，外国人都爱好实用的功夫，因而咏春拳术在美、英、法、德、澳大利亚、加拿大、新加坡等国家，发展迅速，且设立冠以各地名称的咏春拳术馆。叶氏门下桃李芬芳，高徒辈出。咏春拳也因此从中国佛山走向世界，成为世界上流行最广的中国功夫拳种之一。

（二）陶塑大师陈渭岩

陈渭岩，号养云居士，生于光绪年间，卒于1924年，南海沙岗魁龙里人。其父乃石湾花盆行“怡玉”店主，渭岩自少秉承家传，用心专研陶塑技艺，善塑人物、动物。他的作品神形兼备，佳作迭出，曾为两广总督张之洞造像，高约四尺，神貌如生。光绪二十八年（1902年）被邀往景德镇交流塑制佛像经验。作品《日月神》入选巴拿马国际博览会展览。

第二次鸦片战争爆发的次年，英国驻广州领事巴夏礼放纵英军到处骚扰，为非作歹，广东各地人民为此恨之入骨。怀有爱国之心的陈渭岩有意对侵略者“整蛊”一番，经过反复构思，最后采用了夸张手法，把巴夏礼的形象大胆地加以变形，雕塑成一个夜壶（尿壶）的形状。巴夏礼曲足侧卧，整个身躯作为壶身，头戴的英式高帽作为壶口，右手支腰成一个弯形，作为壶的提梁，左手托腮，肢撑地。整个夜壶施以绿釉，形象丑陋、滑稽，人人可以灌尿之，充分反映了他对英国侵略者的鄙视和仇恨。这件作品面世后，在民间广为流传，大长了中国人民的志气。

（三）瓦脊陶塑专家廖洪标

廖洪标生于1936年，佛山石湾人。1988年晋升高级工艺美术师，1993年获“中国工艺美术大师”称号。

廖洪标出生于陶艺世家，堂伯父廖坚和父亲廖作民系民国时期的名艺工。他于1951年小学毕业后随父学陶塑，创作出《岳飞》《张飞》《武松打虎》等作品。1955年参加了工艺生产合作社（石湾美术陶瓷厂之一），拜刘传为师，1958年到中央工艺美术学院“民间雕塑研究班”进修。1959年第3期《装饰杂志》刊登了他的《我们不要战争》《挣脱了殖民主义枷锁》等优秀作品。1962年被国家轻工业部授予“民间艺人”称号。

“文革”前，他刻苦钻研潘玉书、刘传的精雕细刻和人物传神，达到了以假乱真的程度。后来，他意识到必须寻找自己的个性，于是在保持石湾陶艺气韵生动的特色之外，撇开了国画对衣纹皱褶采用的流畅线条，改用西洋雕塑法突出体积感的长处，有意强化艺术形象在陶泥上展示的肌肉、筋络，从而使人物富有刚硬的气质和力量感，格调刚阳凛冽、豪放浑厚。

廖洪标在主攻瓦脊技艺的基础上，向着粗犷豪放的艺术个性延伸。他能一反常态，打破人们对佛祖的惯常理解，不再塑造业已成佛的释迦牟尼，而去塑造正在修行觉悟中的佛祖，一新人们的耳目。《悟法禅宗》塑造了一个威猛、刚毅、执着的高僧形象。《渔翁得利》塑造人物强健的躯体造型加活灵活现的动作神态和炯炯有神又惊喜过望的眼神，非常富有表现力。

他为了创作完全达到理想的构思意图，常常亲手调制陶土和釉料，所塑造的人物往往炯炯有神。这种对艺术上乘境界精益求精的追求令人钦佩。他是一位塑造人物的高手，夫人霍兰善绘动物，他们合作完成的《牧鹿姑娘》（1973 年）、《千里走单骑》（1989 年）更是珠联璧合、强强联手的代表作。

第三节　佛山典型近现代家教情况

翻阅了佛山地区诸多文献，笔者经过认真思考，认为佛山近现代家教主要有典型传家、立志报国、优质教育、身残志坚、倾心建筑、兴趣导向、榜样力量、书香门第和寒门“秀才”九方面内容。这些内容和其中的人物已经开始具备科学技术等现代化信息的特点，其中大部分人物都可称为科技方面的精英。并且在近现代的家庭教育中，不少集大成者是具有海外留学背景的，东西方的先进科技助力了他们的成名成家。庞雄飞、梁栋才、岑氏姐妹和杜维明等人，正是通过把东西方的科学技术融会贯通，打通了一条新的造就近现代中国精英的有效途径。

一、典型传家庞雄飞

（一）教育世家

庞雄飞（1929—2004），出生于南海县张槎乡东便村，是家里的第二个孩子。他出身教育世家，父亲庞之鉴和母亲卢慕娲都是小学教师，尽管家境贫寒，父母依然倾力创办了私立博爱学校。从曾祖父那辈开始，家族中有三十多位族人从事教育事业，成长于杏坛之家的庞雄飞饱受家族熏陶，自小就非常喜爱读书学习。

在 1938 年，日寇的铁蹄踏进了佛山，庞之鉴夫妇带着孩子们去德庆县凤村圩避难。国恨与家愁痛击着庞之鉴，他于次年不幸病逝。母亲卢慕娲担起了独自办学和抚养兄妹三个的重任，她边给学生们上课，边租田种地。庞雄飞属于年幼早熟的那种孩子，每天与哥哥一起上学，又一同下田从事繁重的劳动。小雄飞还抽空课余时间捕捉鱼虾、种菜养鸭，以减轻母亲的重担。正是如此的苦日子，磨炼了其坚韧的意志，造就了强壮的身体。少年时代辛勤劳作的那片田地，鬼使神差地成了他日后大展科技宏图的沃土。

（二）与虫结缘

庞雄飞从博爱小学毕业后，考入南海县第一中学读书，抗战胜利后转到华英中学，直到 1947 年毕业。他曾两次考上大学，均因财力不济而失去机会。但他坚持不放弃，一边教书一边继续备考。1949 年广州解放，中山大学再次给他发了入学通知书，这次是免收学费，还提供奖学金。庞雄飞满怀对共产党和新生政权的感激之情踏进了中山大学农学院的大门。他异常珍惜来之不易的读书机会，起先在蚕桑系学习，后转到病虫学系，师从赵善欢教授等知名专家。

庞雄飞学习成绩非常突出，1953 年本科毕业后留校任教，还在赵善欢教授指导下攻读硕士研究生。1954 年加入了中国共产党，1955 年被派去苏联留学，在莫斯科农学院攻读研究生。主要研究瑞典麦秆蝇、玉米螟等玉米害虫的产生、虫害规律和防治技术，在相关期刊上发表了多篇学术论文。1959 年获得苏联副博士学位后回国，先在中国农业科学院原子能研究室工作了一段时间，后由时任中国农业科学院院长和华南农学院院长的丁颖教授安排回到家乡广东，在华南农学院执教。

（三）满门尚学

庞雄飞、李丽英夫妇是我国昆虫学研究领域的知名伴侣。李丽英是庞雄飞在苏联留学期间结识的同学，她 1951 年由国家选派到莫斯科开展昆虫学研究的。振兴中华、报效祖国的理想追求与决心献身科技事业的共同情趣，使他们走到了一起。1959 年两人回国后喜结连理，他们相亲相爱共同度过了近 50 年的岁月，携手为祖国的科学研究贡献了毕生的精力。

1983 年至 1989 年，庞雄飞出任华南农业大学副校长，1997 年当选中国科学院院士，是我国著名的昆虫学家和生态学家。几十年研究害虫生态控制的理论和方法，奠定了种群生态控制研究方法的基础。李丽英在广东省科学院广东昆虫研究所工作，历任研究员、所长、学术委员会主任，她还出任中国昆虫学会副理事长、国际昆虫学会副主席等重要学术职务。曾当选为中国共产党第十三次全国代表大会代表、广东省委委员和第八届全国政协委员，1986 年被授予国家级“有突出贡献中青年专家”光荣称号。

庞雄飞夫妇育有一子一女，儿子取名庞志，女儿取名庞虹，儿女的名字寄托着这对夫妻对国家昆虫研究事业的期盼。他们继承了父母的志向，女儿庞虹 1997 年华南农业大学昆虫学博士生毕业，获博士学位，后继承父业到中山大学任教，已成长为优秀的昆虫学家。

二、立志报国梁栋才

（一）寒门奋发

梁栋才，1932 年出生于南海县泮塘乡，是我国著名的结构生物学家。父亲梁仕和母亲刘氏共有 9 个孩子，梁栋才是老六。从小家境贫寒，孩子又多，生活很艰苦。有两个孩子夭折，母亲也由于贫病而早逝，余下的姐弟7人由祖母照料。父亲在药材行打工，收入勉强够一家人糊口，但他仍坚持让孩子们读书。他说："只要你们能读下去，把祖屋卖了也供你们读。"为减少爸爸的负担，孩子们在课余时间做点小工。梁栋才还在假期到米店打工积攒学费，就这样他时断时续地读完了中小学。

在7个兄弟姐妹中，梁栋才喜欢打球、爬树、游泳，贪玩顽皮，学习不大上心，使父亲颇为伤神。上高中后他好像突然懂事了，开始奋发学习。1951年顺利考上中山大学化学系。在大学里的他更是勤奋刻苦，毕业被选送留苏预备部学习。梁栋才还是名运动高手，游泳、足球等项目很出色，每天坚持锻炼，练就了意志坚强的品质。

1956年梁栋才赴苏联科学院元素有机化合物研究所留学，跟随导师学习X射线晶体结构分析。晶体学是物理、数学与化学的交叉学科，是当时的新兴学科。留学期间他的学习更加刻苦，同时还参加举重、游泳等项目训练。每天只留6小时睡眠时间，其余都花在了学习和运动上，没看过一场电影或一场戏剧。他留学的三年多时间里，总共只休过三天，那还是因为参加莫斯科第一届世界青年联欢节。梁栋才用三年半的时间完成了四年的学业，用优异的成绩获得了副博士学位。

回顾当年的留学生活，他感慨良多："留苏的学生都是精选的，当时的社会条件下，二三十个农民的劳动才能供养一个留学生，因此留苏学生的报恩思想很重，脑子里想的就是努力学好本领，报效国家。"1960年4月，梁栋才以优异的成绩毕业，带着精心搜集的大量资料回到祖国。

（二）栋梁之才

回国后梁栋才立即投身于建立和开展我国有机化合物X射线晶体结构的研究工作，带领其他科研人员攻克科学难关，用较短的时间建立了我国第一套用于小分子结构分析的计算程序，为我国小分子单晶结构分析的发展和以后生物大分子晶体结构研究奠定了重要基础。

20世纪50年代末，世界诞生了一类新学科——蛋白质晶体学。1965年底梁栋才被选派到英国学习，成为我国首个接触和进入蛋白质晶体学研究领域的研究人员。1967年初，他出色完成学习任务返回祖国。经过充分酝酿和准备，梁栋才在聂荣臻元帅的有力支持下，与其他科研人员一同组建了北京胰岛素晶体结构研究协作组，经过近三年不懈的努力，1969年底成功地分解出胰岛素高分辨率结构，完成了2.5埃（1埃等于一亿分之一厘米）分辨率的猪胰岛素晶体结构的测定，使中国正式跨入国际蛋白质晶体学的研究行列。

1980年，48岁的梁栋才当选为中科院生物学部学部委员（1993年改称科学院院士），是生物学部中最年轻的学部委员，1983 年成为生物物理所第二任所长。作为我国生物物理学的领军人物，从 1986 年起担任国家自然科学基金委员会副主任。1989 年，他和邹承鲁、杨富愉两位院士一同倡议建立了生物大分子国家重点实验室，担任副主任职务。梁栋才还是第二届、第四届全国生物物理学会理事长，是博士生导师和中国科技大学兼职教授。

在梁栋才的日程中，最不愿意浪费的就是时间。为保证每天有三分之一时间从事科研，天天工作到深夜两点，即使进入古稀之年，每天都准时到研究所工作。他带领研究团队多次承担国家和中科院重大研究课题，取得了大量科研成果，为我国结构生物学研究能继续在国际学术舞台上保持一席之地做出了重要贡献。

在半个多世纪的学术生涯中，梁栋才获得了国家自然科学一等奖、二等奖和中国科学院颁发的诸多奖项，完成了近二百篇学术论文。2006 年他的《X 射线晶体学基础》专著出版，2011 年这部著作的英文版问世，中英文两版的科研心得，成为中外学子走进结构生物学殿堂的教科书。

（三）教诲独到

因为对家乡的眷顾，梁栋才长期义务在华南师范大学担任兼职教授，虽然定居在北京，但每年都回华南师大教书育人，年事已高后才作罢。多年来梁栋才总说自己家乡是在南海，从不遗忘那份浓浓的乡情。

谈到一个人的成长，梁栋才认为，孩子调皮不是坏事，调皮的孩子身体健壮，很爱动脑筋，好奇心强。比如爬树掏鸟窝为了看里面究竟是什么，同时也说明孩子身体好才能爬上去。好奇、创造性、不怕苦、不退缩、好身体等等，这些在科学研究和人生道路上很重要。一个会创造性玩的孩子必定是思维活跃、行动力强的孩子，只要加以引导，就会迸发出良好的能量。谈到做事，梁栋才说，不要怕失败，不要怕出错，错了不要紧，负结果也是结果，没有负结果就难以靠近正结果。对于什么是聪明，他有自己的见解，认为不是知识多就叫聪明，善于思考和提出问题，并寻找出问题的答案才叫聪明。创造力和活跃的思维也是聪明的表现。要成就事业，仅有聪明是不够的，意志的训练十分重要，只有具备坚强的意志，才能有坚定的信念和坚忍不拔的精神。

梁栋才是一个严谨严格、不苟言笑的科学家，生活中又是一位慈祥可亲的家长。自 1995 年夫人逝世后，对两个儿子更多了一份疼爱和责任，两个儿子相继成家立业，有了两个孙女。对于孙辈他呵护有加，但也非常注重引导和教育，常对孙女说：“你们是爷爷的好孩子，犯错了不要紧，学会找到错误并加以改正，就还是好孩子。”这位鞠躬尽瘁、攀登不息的老科学家，不仅为他的儿孙所敬爱，更为家乡的父老乡亲以及国人所崇敬。

三、优质教育岑家女

（一）来自医学世家的姐妹

岑瀑啸、岑瀑涛姐妹，祖籍南海九江，出身于名医世家，父亲是知名中医岑泽波。姐姐岑瀑啸是美国佛罗里达州心脏中心专科医生，35 岁时被选入美国顶尖的心脏专科学术组织 FACC，成为该组织有史以来最年轻的会员。妹妹岑瀑涛博士是美国最好的肿瘤医院 MD Anderson Cancer Center 的内科医生，她曾在美国临床肿瘤学会第 43 届年会上做专题报告，让来自世界各地的参会优秀肿瘤医生赞叹不已。

（二）做“最有价值的医生”

1992 年 12 月 31 日，岑瀑啸孤身登上了向东的飞机，飞行了 20 多个小时到达美国。在考进纽约大学后，岑瀑啸立即报名参加医生执照考试。一年半后，她以全纽约区第一名的成绩考取了医生执照。接着，经过努力岑瀑啸进入了在心脏病诊治方面蜚声全美的佛罗里达医院担任心脏科医生。在美国，医生属于高收入阶层，多数病人存在“医患之间只是商业交换”的思想。岑瀑啸却总是想方设法和病人进行心灵沟通，她认为，只有关心患者的“心理”，才可以让其“生理”得到更好的治疗。经过她诊治的病人们无不交口称赞：“岑医生心灵手巧，心明眼亮！”

岑瀑啸的体贴和善良受到患者和同事众口一词的赞扬。经过医院全体医护人员投票，她被选举为佛州医院“最有价值的医生”。岑瀑啸说，这是父亲送给我的礼物，因为他用行动交给了我两个词：“医者父母心”和“大医精诚”。

（三）认为自己没有过挫折

对于人生挫折的认识，一向温和低调的岑瀑啸有着与众不同的看法。她觉得，个人的人生还没有遭遇到挫折。她说：“在学习和生活中，遇到困难在所难免，但困难不等于挫败，而是要多给人们一个全方位认识自己的机会。”

这样的认识来源于她最爱的书籍。实际上从十多岁起，岑瀑啸已经开始尝试阅读英文版的《红与黑》《傲慢与偏见》等小说，如今她还保留着每星期至少读完一本书的习惯。她认为，许多优秀的小说都是在用虚构的故事讲述现实的真理，每个人只能有一次生命，但是好的小说可以让人在不同的年代、不同的社会层次，以不同的方式活很多次。而且书中有很多优秀人物，可以让她学习到很多优秀的品质。曾经为岑瀑啸制作 VIDEO 进行心脏健康知识普及的传媒工作者 Ms. Pomie Lau 认为，“她就像一块海绵，总在不停地吸收各种书籍的营养”。

为了能更好地与不同国籍、不同民族以及不同宗教信仰的病人进行沟通，岑瀑啸还阅读了大量社会学、历史学及经济学的书籍。她觉得，一名医者，不仅要有精湛的医术和善良的心地，还应该努力让自己“善解人意”，这样才能为病患提供最好的帮助。

（四）去 30 家医院参加面试

岑瀑啸进入大学前，最寻常的度假方式是陪父亲到处帮人看病。那时他们平均每个月回九江老家一次，到家后父亲基本上都是在工作，有时一天要做两台手术。女儿会静静地守在旁边，观察爸爸怎样和病患交谈。岑瀑啸说：“那时我很崇拜父亲，因为大家都相当敬重他。做医生后，我常问自己，要是父亲遇到这种情况会如何处理呢?”

岑瀑啸开始学习帮病人看 X 线照片。多年后，她大学毕业进入中山医学院附属肿瘤医院读研究生时，老师稍加点拨，她就能熟练地从片子上分析出病人的症状。

2000 年后，岑瀑啸以最快的途径报名参加了医生执照考试，并以全美及加拿大地区前 5% 的成绩通过了。当年冬天，她和当地学生一同拿着成绩去各家医院求职。一般学生通常情况下只参加五六家医院的面试，但岑瀑啸却参加了近 30 场面试。在这些考试中，她对美国各大医院的特色进行了全面的了解。经过多轮考试，岑瀑啸最终进入了美国最大的住院医生培养医院——哥伦比亚大学附属罗斯福医院工作。

（五）为祖国做贡献的心愿

妹妹岑瀑涛在美国最好的肿瘤医院 MD Anderson Cancer Center 担任内科医师，她已经获得了肿瘤和血液两项专科的执业资格。在事业上功成名就的她总是怀着两个心愿。

第一个心愿：作为一名医生，希望自己能不断精益求精，超越自我。但同时岑瀑涛也不期望能一步到位，而愿意“一步一个脚印”。她坚信只要每天一点小进步，累计起来便是人生的大财富。

第二个心愿：为自己的祖国做点贡献。在临床研究上，她的专长是胃癌。从全球病患的分布情况看，胃癌可以算是亚洲人的癌症，因为大多数患者都是亚裔。日本的胃癌医疗水平处于亚洲领先地位。岑瀑涛认为，中国的传统医学在对付疑难顽症方面有很大优势，要是能把中西医有效结合，定可以造福无数病患。

岑瀑涛一直都与中山大学医学院的一些医生保持着联系，常常开展专业合作。她也表示有机会愿意回到家乡，进行学术交流和提供医务服务。她常说：“我非常怀念九江的井水，那么纯净清甜。”

四、身残志坚陆启铿

（一）残身求知

陆启铿，1927年5月出生于佛山祖庙行仁里（今属禅城区）。他的祖辈是从顺德县龙山乡到佛山经商的，祖父是位殷实的商人。陆启铿出生时被祖父和陆子骥、梁志雅夫妇寄予厚望，但一场大病使他患上了小儿麻痹症，命是保住了，但下肢永远瘫痪了。可是，这个开明的家庭还是支持他上学读书，专门请了个保姆背他上学。对于这样“不正常”的学生，老师不怎么重视，一些顽皮同学也时常取笑。好在保姆心疼他，经常为他讲故事，给小启铿带来不少心灵的慰藉。

1938年，日寇侵占佛山，陆家四处逃难，在季华小学读四年级的陆启铿随父母逃到澳门，住所由原来的高墙大院变成了贫民窟，生活产生了巨大落差。但苦难并没有让这个残疾少年沉沦，几年之中他向堂姐借了小学到初中的所有课本，以惊人的毅力自学全部课程，培养了刻苦努力、独立思考、重视理解和记忆等重要品质。1942年考取了澳门中山县联合高中，后转至中德中学。中德中学十分重视数学和德文，常设这两门课的奖学金，陆启铿在班级每学期都是一人兼得两项奖学金，因而获得了免交学杂费等待遇。

1945年抗战胜利，陆启铿以优异成绩高中毕业，回到广州并以第一名的成绩被中山大学先修班录取，但因无力承担学费而放弃，到新会县桐井中心小学任教。第二年夏季他又考取了中山大学数学天文系，一年的工作积蓄不可能维持几年的大学学习，于是他开始了半工半读的生涯，利用业余时间回佛山帮人补课赚钱。那时往返广州和佛山非常麻烦，何况还是对一个残疾人。他后来回忆：“要先坐车到西河口，然后坐船到对岸的石围塘，再坐火车回佛山。佛山火车站那里有公交车，是佛山唯一的一路公交，下了火车要拼命挤公交，慢了就上不去了。那辆公交车与中大的校车一样，是烧木炭的，后面有个大火炉，夏天热得跟烤箱一样。”每周来回奔波持续了几年，对于身体正常的人而言，都是沉重的负担，对于拄着拐杖的陆启铿来说，更是难以想象的煎熬。但对于知识的渴求，支撑他以顽强不息的精神出色完成了大学学业。

（二）坚守净土

陆启铿的人生都是与拐杖和轮椅相伴。早期依靠拐杖顽强求知，后期在轮椅上不知疲倦地战斗，他的那支笔从未停止过计算，笔尖的光彩展示出他超常的人生脚步。对于自己的成就，他这样表示："我不是天才，做出的一些工作完全是下苦功夫的结果。"

"文化大革命"期间，我国科研工作除国防需要外，几乎都被迫中断了，陆启铿意外获得了个安静的小环境，他据此机会做出了横跨数学和理论物理两个学科的创新性成就。20 世纪 60 年代末，极左思潮泛滥严重的国家在批判爱因斯坦的相对论。他因德文好又了解相对论，被安排进了大批判组。由于"政治任务"他可以埋头在家或图书馆研读资料，当时的批判组集中了国家一批优秀的中青年理论物理学家，在与这些人的交往中，陆启铿也捕捉到了当时理论物理学界的一些前沿问题。

20 世纪 70 年代以来，数学和物理学的重新接近突出体现在两个问题上，一个是规范场和纤维丛的联络关系，另一个是孤立子问题。尤其是前者，由于相同的问题在不同学科以不同的名词表述，物理学家和数学家之间很难交流。陆启铿善于把表面不相关的事物联系起来，并发现其本质。在理论物理上的规范场与数学主纤维丛的联络这一重要问题上，他做出了重要贡献。他的一篇奠基性论文《规范场与主纤维丛上的联络》在 1974 年刊登于《物理学报》，物理学因引进数学上的联络关系而拓宽了领域，数学则因规划场的反弹力而获得新的发展。1990 年，物理学家侯伯宇在学术报告会上说，上述问题的"奠基人是陆启铿"。而早在 1978 年，著名物理学家钱三强就曾称赞陆启铿在该领域做了领先的工作。

1978 年陆启铿晋升为研究员，1980 年当选为中科院学部委员（1993 年改称为科学院院士），以及数理学部常委，直到 1991 年。1980—1983 年出任中科院数学研究所副所长，并受所长华罗庚委托，主持数学所工作。1978 年以后，他把自己开拓的有界域施瓦茨引理的著名课题，进一步从低价微分推广到高阶层数的估计，还与合作者一同推广该引理到适合一定曲率条件的完备卡勒流形上等。

（三）家乡情怀

陆启铿于 1951 年北上赴京后，只回过几次佛山，但从其言谈话语中，还是可以感受到对故乡的深情与关注。当年佛山弯弯曲曲的小街巷，光滑的青石板路，林立街头的商铺，以及祖庙的石龟，都给他留下了深深的印象和美妙的回忆。

20 世纪 50 年代后期，佛山市已经成为全国知名的卫生城市，陆启铿从《人民日报》看到报道后，决定回去看看。1958 年他从北京出发，坐了三天火车到广州，然后回到佛山。他回忆道："那时佛山城市建设变化不大，路还是弯弯曲曲的青石小路，但卫生真好，简直一尘不染。厕所都用水冲得干干净净，一个苍蝇都没有。那时候煮饭还是烧木炭，锅底会黑的嘛！但是吃完饭后这锅灰也要洗干净。居委会要来检查，摸你的锅底黑不黑，摸你的趟栊上有没有灰尘。"

20 世纪 90 年代初，应佛山大学邀请，在参观了学校校园和实验室后，他提出想看看以前住过的老屋，但当时正赶上行仁里一带正在拆建，这成为他心中的一大遗憾。

70 岁以后，陆启铿院士就再没有离开过北京了。佛山铁军小学，其前身为季华小学，陆先生曾就读此校。铁军小学聘请他为名誉校长，并将证书送到北京，学校还向学生们介绍陆院士的事迹。每年收到铁军小学学生们寄来的贺年卡时，他都十分高兴。后来他的女儿回佛山时，陆启铿还要女儿专程去行仁里和铁军小学看看，并叮嘱拍照带回北京。

五、倾心建筑关肇邺

（一）学仕之家

关肇邺，1929 年生人，祖籍南海县吉利乡桥东村。祖父关蔚煌是光绪二年（1876 年）丙子科广东乡试举人，官任大埔县学训导，教子有方。长子关应麟、次子关庆麟相继考取京师大学堂，关应麟曾任北京大学教授，关庆麟出任外交部司长。

关肇邺父亲关赓麟是关蔚煌的第三子，少年聪颖。光绪二十七年（1901 年），20 岁考中广东乡试举人，由两广总督陶模派到日本弘文学院学习师范教育。回国后考取进士，后随清廷大臣戴鸿慈出使九国考察宪政。曾任交通部路政司司长、交通大学校长、京汉铁路局长和铁路部参事等要职。关赓麟不仅是中国近代著名的教育家、实业家和铁路交通事业的奠基人之一，也是著名的诗人和词学家。20 世纪初，关赓麟就组织和参与了寒山诗社的文学创作活动。寒山诗社专以研究诗词而著名。关赓麟主持寒山诗社后，把诗社设在自己位于北京南池子的稊园宅邸内，诗社遂更名为"稊园诗社"。稊园诗社是我国近现代存世时间最长、加入学者最多的文学社团。关肇邺的母亲张祖铭是江苏才女，清朝同治云贵总督张亮基的孙女，其诗词清新可诵，她还著有《饴乡集》两卷。关肇邺成长于这个书香门第，潜移默化地塑造了其谦谦君子之风。

（二）潜移默化

关肇邺 6 岁时，父亲关赓麟专请私塾先生，在家教授他《三字经》《百家姓》《孟子》《论语》《中庸》《大学》等传统文化经典。小学毕业后，关肇邺入读美国基督教公理会创办的育英中学。

关肇邺在北京南池子的稊园度过了其童年和少年，在稊园里可以清晰地看见巍峨的东华门城楼。他每天经过天安门或午门去中山公园（古社稷坛）玩耍和散步，对于那些雄伟壮丽的古代建筑精华虽然理解不深，可如此壮观的轮廓已深入眼帘，默化于心。在日寇攻占北平后，关赓麟举家南迁，途经天津因祖母过世，家里人在天津居住了两年。在此期间，关肇邺见识了前清官僚和民国北洋政府总统、总理、军阀以及废帝溥仪等人的宅邸，给他提供了观赏西式洋房的机会。关家居住在市中心的成都道（当时是英租界的“伦敦道”），街道附近建有多种风格精致各异的洋房、别墅和商店等，使十多岁的关肇邺再次大开眼界。

小学毕业前的一个冬天，家里照例进行大扫除，关肇邺偶然在阁楼发现了尘封多年的“海盗箱”，装有父亲 1905 年出使九国考察带回的近百本图书和精美的画册。这些书画尽现欧美各大都市建筑风光，玉笋般的米兰大教堂，气派的凡尔赛宫、维也纳的夏宫，还有芝加哥的高楼大厦等等，无不令他大感兴趣、叹为观止。

稊园的宅邸进行过两次大的修缮。一次是关赓麟老同事、留法归国的工程师华南圭，帮忙将四合院做了实用性改造，设置了无阻碍大厅、防冻防风的抄手游栏以及新式卫生间等，这些都是那时北京非常罕见的。另一次是抗战期间，家里因父亲拒绝接受敌伪政府任命失去了经济来源，在母亲的操持下，兄弟姐妹丈量画图，合力将四合院分割成几个独立单元出租，以维持生计。这两次“房改”，使少年的关肇邺对建筑和生活的关系，还有建筑的实用性开始产生了初步的体验。

1947 年，18 岁的关肇邺顺利考取了北京燕京大学理学院机械专业。1948 年春天，他迎来了自己人生最大的机遇与转折。某天，燕京大学邀请参与纽约联合国总部建筑群设计的梁思成到校演讲。梁先生博古通今、学贯中西，侃侃而谈。自幼就对建筑感兴趣的关肇邺参加听讲，当即被其学者风度折服，毅然放弃了燕京大学的学业第二次报考大学，考上了清华大学建筑系，师从梁思成这位建筑大家。毕业后留校从事建筑教学、研究以及建筑设计创作。

（三）传道解惑

后来关肇邺在梁思成、林徽因两位建筑大师的亲自指导下，迅速成长，晋升为清华大学建筑学院教授，成长为中国著名的建筑学家，1995 年当选中国工程院院士。关肇邺在现代建筑和中西古典建筑的历史和理论研究领域造诣颇深，他的建筑设计重视建筑个体与环境的有机结合，作品散见于重庆、海口、昆明、广州、兰州、大连、徐州、曲阜和泰安等地，主要代表作有清华大学图书馆、北京地铁东四十条站等。

关肇邺首先将自己的身份定位为教师。有的朋友看他教授学生做项目，为学生参与的设计善后，修改学生论文和推荐其发表，占去了大量精力和时间，就劝他改变这种“低水平重复”，集中时间和精力多出个人的精品。可关肇邺认为：“令学生有较好的学习条件，为他们所接受、所欢迎，使他们能有较多的收获和提高才是最重要的。”他还表示，桃李满天下才是他 60 多年来的主要成绩。关肇邺的主要工作是在清华的讲坛上授业，带研究生以及主持博士生设计方案的审议、修改等工作。

关肇邺在培养博士和硕士研究生方面一直坚持“重质不重量”，他认为指导过多的学生，将存在照顾不周之嫌，对学生深造将产生不利影响，因此他坚持每年只带一博一硕的做法。

为培养学生创新性和独创性思维，他每年都为研究生开设“建筑评论”讲座。评论的对象，均是其在美国期间以及后来 10 多次出访亲身考察过的，还拍摄了大量幻灯片，由于讲解生动深入，加之幻灯片的真实景物，听讲者众多。他还持续改进授课方式，开始让学生自选“对象”，撰写评论文章以替代考试。接着又增加了课堂讨论，每人都要发表简短的评论。后来又事先确定统一研讨有争议的建筑或建筑群，由学生组成辩论团，正方和反方针锋相对开展辩论。要学生在辩论前开展调查研究，主动访问设计人、用户，深入了解第一手资料，通过拍摄录像片、幻灯片和制作动画作为辅助手段，充分调动了学生主动学习的积极性和创造性，课堂氛围良好。

为让研究生尽可能联系实际，使其有较多机会完整参与制定方案和初步设计，关肇邺时常将委托项目或竞赛任务分配给学生们去完成。针对学生草拟的初期方案，只要不涉及原则问题，总是尽量保留其基本思路，仅加以改进和润色。有些属于学生个人偏好，即使自己不喜欢，关肇邺也尽力保留。对于那些确实需要大改或者推倒重来的，他不会简单地“发指示做定论”，而是从理论上、中外历史经验方面、不同条件的比较以及外围学科相互借鉴等角度加以详尽分析。学生们事后所提升的不仅是设计水平，更重要的是他们的素质、品位和眼界等。

关肇邺心胸开阔、治学严谨，不随波逐流，更不敷衍追俗。半个多世纪以来，他默默耕耘在五尺讲坛，承载着现代时尚与历史传统的有机衔接，让千百年形成的中外建筑艺术在人类历史的长河中闪闪发光。

六、兴趣导向范海福

（一）偏好社科

范海福 1933 年出生，祖籍南海狮山坑田村。范海福的父亲范曜华在 20 世纪 20 年代从坑田村到广州读书，后来当了一名中学教师。母亲李励精是惠州人，十几岁时，因反抗包办婚姻，只身从农村逃到广州，通过半工半读上完中学并考上了大学。范海福在广州出生，一家人过着安稳平静的生活。1938 年日寇入侵广州，四岁的范海福跟着父母逃难到了香港。父亲范曜华开办了一所文德学校，是以商养学的私立学校。在香港的四年，范海福在这所学校接受了启蒙教育。

范海福自述小时候十分顽皮，学业并不拔尖，从小学到初中，只对美术、音乐和语文感兴趣，除了美术能达到班里前三名，其他科目成绩都一般，个别科目考试例如数学还有不及格的情况。他谈到美术与音乐显得十分兴奋，说自己从小就喜欢画画，差点当上了岭南画派创始人之一高剑父的弟子，那是在澳门生活时的事。当时，客居澳门的高剑父想招收弟子，曾到范海福就读的粤华中学寻找绘画苗子，校长当即推荐了范海福。当看过其画作后高剑父很是惊喜，有意招收这个具有绘画天分的学生为弟子。那时抗战获得了胜利，母亲思虑再三还是决定迁回广州，范海福和高剑父的师徒缘失之交臂。

1946 年初夏，范海福回到广州后考上一所私立中学，可交不起学费，打算重考公立学校。正当准备投考中山大学附中时，他得知高剑父也回广州，并且开办了美术学校。母亲便带他去见高剑父，高剑父承诺只要孩子愿意就可以来入学。后来范海福考上了中大附中，还是没能成为他的弟子。

在中大附中范海福的美术成绩尤为出众，总在班级前三名，并且还对音乐着了迷。起先跟着收音机唱歌，随后和一个要好的同学学习小提琴和口琴，没想到学了一段时间水平居然超过了“老师”。那位同学“老师”考取了中央音乐学院声乐系，后来发展成为男高音歌唱家。范海福笑着说：“这我就没法跟他比了，他的音乐素养和自身条件都比我好。”他认为自己虽然比不上那位同学，但确实深受其影响，使自己上大学后顺利地考进北京市大学生合唱团。

中学时期的范海福才艺超群，可也是个顽皮的学生，不时还会无礼顶撞老师。颇有趣味的是，范海福后来招收的一名研究生，总是给导师出难题，要将导师问倒。范海福说："我年轻时跟你一样的毛病。其实，人不管有多高的学问，总有不懂的东西。学生要问倒老师其实不难，尽管你现在还没有把我问倒，但如果你坚持下去，总会如愿的，不要把心思花在这上面。"他是要借机把师生之间的较劲引导到另外一个方向，要建立良性互动的关系，减少不必要的精力消耗。

（二）母亲熏陶

小时候家庭迁到澳门后，父亲范曜华没再办学，而是经商养家。不久，父亲在海上运输中遭遇突袭遇难，当时的范海福年仅 9 岁。父亲离世后，母亲李励精独自支撑这个上有老下有小的家庭，全家依靠母亲微薄的收入在澳门苦撑了 4 年，抗战胜利后才返回广州。是妈妈担起了养育范海福的责任，他说，自己走上科研的道路既有母亲的引导，也有偶然的机缘。李励精是个注重启发式教育的好妈妈，在儿子成长的过程中，母亲总是依据他的特点加以引导，正是妈妈的循循善诱造就了儿子。在澳门时，为培养喜欢画画的孩子，妈妈邀请街头卖画的艺人来家教他素描，还买来有不少插图的英国小学教材让其临摹，从中学习西洋绘画技法，这些使他的绘画大为长进，当年得到绘画大师高剑父赏识的画作，正是范海福临摹的那些西洋画。

上中学后，范海福还是只对美术、音乐和语文感兴趣，对数理化则兴趣不大。初二时，为引导其学习化学，母亲为他买了本顾钧正编写的《少年化学实验手册》。没想到这本书竟然改变了儿子的兴趣取向。书里的化学实验立即吸引了范海福，他发现书中的实验很好玩。原本就淘气好动的他，按照手册所写，在家中搞起了"实验室"。由于条件所限，不可能按照手册的要求来做实验，需要寻找替代品和采取一些变通的办法，这就迫使他必须更透彻地弄清实验的原理。为此，他不时到图书馆查阅多种化学实验书籍，反复琢磨和实验。当其运用变通的方式使实验获得成功后，他的化学实验情趣更浓厚了，化学成绩迅速提升。

后来范海福还与同学在家中开展了无线电实验，一直持续到高中毕业。上高中后，学校图书馆的《科学画报》《电世界》等期刊成为其最喜欢的课外读物。不仅如此，他也阅读了曾昭抡的《原子与原子能》、爱因斯坦和英费尔德合作的《物理学的进化》等科普著作。这些读物为范海福开启了科学之门，吸引他走向充满奥妙的科技世界。

（三）志向理工

1952 年，范海福考入北京大学化学系，化学系的教授唐有祺是国家晶体学奠基人之一，对他起到了引路作用。化学系最年轻的教师周光召令范海福终生难忘，他教给学生知识，更注重思维方式的训练。周光召表示，两个类似的概念，不仅要注意它们的相同之处，更重要的是要搞清它们的差异。这句话使范海福深受启发，一直牢记心中，将其贯穿于科研实践。

在北大读书的几年中，范海福的表现有些“另类”，往往会进行一些不守“规矩”的实验。这些实验中有两个他自己做完后觉得很得意，却受到老师的批评。其中一个按照那时从苏联搬来的一本实验教程，一些同学做了几十分钟也不见结果。而范海福用自己理解的方式，一分钟就做出来了。另一个实验按照教程至少需要进行30分钟，而他采取另外的方式几秒钟就完成了。这两个实验从准备到完成总共用了不到10分钟时间，完成后他就悄悄溜出实验室去玩了。事后老师批评范海福：一不尊重苏联老大哥的经验；二不遵守课堂纪律。他只是接受了第二点批评。后来还有一个用桥式电路测量电压的物理实验，范海福又“擅自”改动了电路的一小部分，结果简化了实验过程，但依然可以达到所要求的实验目的，这次范海福受到了老师的表扬。

1956年范海福大学毕业，那时北大化学系计划将11位品学兼优的毕业生留校攻读研究生，范海福是其中之一。正当他一心准备继续深造的时候，一件偶然的事情使他的人生轨迹发生了改变。当时国家成立了研究原子弹的第三机械工业部，急需抽调大批毕业生。一个原分配到中国科学院物理所的北大毕业生转调三机部（第三机械工业部），范海福就这样被改派到了中科院物理所。由于没能攻读研究生，他十分懊丧，但不久就从纠结的阴影中走了出来，进入到物理学研究的神圣殿堂。再后来，晶体学研究领域又多了一颗耀眼的新星范海福。

（四）工匠情怀

对于“工匠”范海福有自己的观点，他在一次讲习班上介绍其科研团队时如此表述：“我们是几个工匠。请注意，我没有瞧不起工匠。从世界上最伟大的建筑师，到辛勤添砖加瓦的建筑工人都是工匠。设想一下，如果这些工匠都没了，我们该到哪住呢？有两个地方可供选择：洞里，或者树上！”颇为风趣的开场白让现场的气氛一下子活跃起来。范海福接着解释：“搞计算机设计、人工搞晶体结构分析方法研究的人，都可以算是科技界的工匠，他们并不直接去探索自然界的运动规律，但是他们为此提供不可缺少的工具，并不断地改进和革新这些工具。”

在一次给中青年学子做“科技杂谈”报告时，他给大家解释“什么叫懂”。范海福说，懂与不懂中间有好多个层次。比如，年轻人听一个学术报告，听完后没觉得需要提什么问题，那不就懂了吗？但也有可能就是什么都没听懂。如果能重复，说明多少懂一点；要是会用，则又进了一步；

要是能从中举一反三，那就懂得更深了。那是不是就掌握得很透了呢？还不是。一个课题的研究方向，起码应该懂得它的历史怎么发展起来的，现在到了什么程度，问题在哪里，发展的动向，并预见它的前景。到这种水平的话，才算比较清楚，你才能达到自主找科研题目的水平，懂不透就达不到这个阶段。搞科研跟学校念书不一样，在学校念书是学习已知的知识，搞科研是探索未知的领域，研究谁都不知的领域要有最认真严谨和最不满足的态度，所以不要轻易说“我懂了”。

谈到课题研究，范海福也有很精辟的见解。他认为，一个研究生最关键的是学会找题目，不会找题目，就永远独立不了。题目有大有小，有些小打小闹的题目，通俗的话叫“打一枪换一个地儿”，谁开始都要经过这个阶段，但是如果停留在这个阶段，顶多是个三四流的科学家，二流都达不到，必须要形成学术体系，建立自己的研究“地盘”，如果没有地盘，参加国际竞争就是没有根基的，你靠什么跟人家比，跟人家竞争去？

范海福还告诫年轻的研究生们，在对待国内和国外的学术见解时，不要轻易否定本国的学术研究，而一味地“崇洋”。有人看到国外一些哪怕是水平很低的文章，只要跟国内的学术观点不同，就断定是国内的错了。这种现象让他很生气，也有些无奈：“国外发达国家的科研水平总体上是比较高，但并不是什么都比我们高，作为一名科学工作者，应该要有自己的分析和判断。”

七、榜样力量罗绍基

（一）勇于担当

罗绍基，1933 年 12 月出生，祖籍南海县西樵镇大岸乡，是水利发电机工程管理专家。他祖父那一辈就到了广州，父亲罗达君是自来水公司职员。母亲邝广卿是番禺人，在他年幼的时候，她经常勉励其要向在法国留学的舅舅学习，努力用功读书。罗绍基在广州执信小学读到四年级时因为躲避战乱到佛山莲花路的姑妈家，在华英学校读完小学，后又回到广州在培英学校读中学。上初中时，他就很敬佩詹天佑，希望自己也像他一样将来当个工程师。1951 年高中毕业，罗绍基考取了清华大学水利专业。

1955 年在清华大学毕业后，他被分配到中南水电勘察院，开始投入到国家水电建设事业中。1969 年罗绍基开始担任湖南凤滩水电站设计总工程师，凭着自己强烈的社会责任感和使命感，在长时期艰苦的基建工程中，八年如一日坚守在自己的岗位上，终于使该水电站如期投入运营。凤滩电站在解决技术难题方面具有全国领先和示范效应，节省了大量投资，在随后的三十多年里，该电站为湖南经济发展做出了重大贡献。

罗绍基在湖南工作了 28 年，先后主持和参与了建设湖南、广东等省多项水利工程项目，两次获得国家科技进步二等奖。1985 年他回到广东工作，开始主持当时世界规模最大的广州抽水蓄能电站工程。1988 年至 1994 年罗绍基出任广东省电力局副局长，1988 年至 1997 年出任广东省抽水蓄能电站联营公司总经理。从 1988 年到 1997 年他的主要精力投放到管理工作中。

为割除水电单位只花钱不管还贷的旧体制弊端，罗绍基主持规划了由抽水蓄能电站联营公司作为业主单位，并由其负责筹资、建设、经营和还贷一体化机制。还使用业主的自主权，协调和团结监理、设计和施工等单位。尽管参与建设电站的独立单位多达十几个，但在罗绍基的有效协调下，各单位在整个工程建设期间没出现过相互扯皮误工期的情况。他还十分注意搞好与地方政府和老百姓的合作关系，倡导设立“移民教育基金会”，帮助移民群体实施科技致富，使得大量家庭得到很好的安置，深受地方政府和广大群众的拥护。罗绍基还为联营公司设计了人员精干、机构简约的有效管理模式。

该广州电站管理模式得到了当时电力部的认可和推介。1991 年和 1995 年，电力部两次在广州蓄能电站工地召开建设管理经验交流会，向全国推荐广州电站的建设管理经验。罗绍基不仅对水电建设体制进行了成功的改革，也在电站运行经营体制改革方面取得了显著成效。他引进法国电力公司运行管理模式，结合中国国情，创建了国内第一家无人值班、少人值守的水电厂。在电站经营管理上，罗绍基开创了国家抽水蓄能电站容量租赁经营新模式，充分发挥了广州蓄能电站多种效益。

（二）清正廉洁

非常难能可贵的是，几十年前罗绍基就提出，清廉是一种思想作风、人格力量，是立身之本、为人之道、处事之基。作为当时国家的重点建设工程，广州蓄能电站第一、二期工程就有近 70 亿元人民币的建设投资。罗绍基坚持让党和人民赋予的权力真正为民所用，坚持用好每一分钱，决心建设优质工程、安全工程、廉洁工程，要把好事办好、实事办实，使建设资金发挥最大的政治、经济和社会效益。

罗绍基崇尚艰苦创业，勤俭干事业。在工程重大项目建设投资决策上，通过多种渠道与形式集思广益，使决策真正建立在规范、民主和科学的基础上，保证工程建设顺利并取得最大经济效益。面对几十个大大小小的中外承包商，在罗绍基为首的联营公司班子的领导下，各项工程完全采用招标承包制，确保竞选出最佳投资方案，达到资源合理配置。在工程招标过程中，罗绍基始终坚持弘扬行业正气，抵制不正之风，秉承公平、公开和公正三原则，不为企业和个人牟取私利。他从不接受包工人员的请客送礼，更不和他们有私人接触。经常告诫公司相关人员要廉洁自律，教育大家牢记理想信念，遵纪守法。正因为这样，企业在风清气正中优化了内部环境，杜绝了社会上流行的请客送礼歪风，赢得了中外投资方的信任和放心投资，也使工程承包商能够走正路，按章办事。

罗绍基清正廉洁的工作和生活作风，不仅为电站联营公司职工树立了榜样，也为国家树立了高大形象，赢得了良好口碑。国外厂商都非常关注电站二期工程的招标，千方百计想在竞标中脱颖而出，以分得招标项目。罗绍基历次率考察团外出招标考察从不接受对方赠送的礼品。一次他就二期工程率团出访法国、德国和挪威等六国，一一谢绝了外商的皮包、高档相机和零用钱等赠品，凭着良好的个人品质和商业信誉，考察团赢得了国外厂商的敬佩和称赞。在电站一、二期设备引进合同中，他坚持原则，与专家合作共事关系融洽，没有发生过一次外商索赔事件，清正的口碑极大增强了外国厂商的投资合作信心。

（三）退而不休

当年近古稀的时候，罗绍基是退而不休，他离不开钟爱的水电事业，依然出任山东泰安抽水蓄能电站顾问、云南大朝山水电站专家组专家、安徽桐柏水电站世界银行特别咨询团成员，被国务院三峡建设委员会聘任为三峡工程质量检查专家组成员。常年奔波于祖国的河川大江，继续把自己多年积累的技术和经验贡献给祖国的水利事业。还有他对教育事业仍怀拳拳之心，对社会具有高度责任感，对家乡南海依然是无限眷恋。

2006 年罗绍基出任湖南大学教授，就任后着力于学科、人才、科研等，培养创新型人才，开展学术讲座，积极为学校的人才培养建言献策，组织课题申报。“我没有做什么”是他长期挂在嘴边的一句话，依然保留着永远属于他的那份对事业的虔诚和谦虚。

作为一名工程院院士，罗绍基身体力行地倡导环境保护，特别关注对青少年的教育，勉励他们要践行低碳生活。2010 年 6 月，罗绍基参加广东省科协、广东省教育厅在东莞市长安镇第二小学举行的“我的低碳生活——2010 年青少年科学调查体验活动”启动仪式，他在该校的“百米书画绘低碳”长卷上欣然题词“节能减排，从我做起，从少年做起”，寄语广大青少年，低碳生活，从小做起。他还亲身做了《节能减排，低碳生活》专题讲座，向中小学生介绍了气候变暖的现状、原因以及应对方法，并对中小学生在衣食住行用等方面践行低碳生活提出了建议：“低碳生活就应该从我做起，从少年做起，从小事做起，比如少开一天车，不浪费粮食，多吃本地蔬菜少吃反季节水果……”

作为一名南海人，罗绍基从小受到岭南文化的熏陶，不忘桑梓情怀。2013 年佛山市南海区启动了“家·南海——桑梓情乡贤反哺工程”，罗绍基作为南海乡亲欣然回“家”，为南海发展添智加力。他与南海相关部门交流切磋，为家乡新一轮发展建言献策。他说：“虽然我出生在广州，但我一直记得自己的家乡在南海。小时候，我知道著名的铁路专家詹天佑是自己的同乡，心里非常自豪，也以他为榜样。以前，我曾在工作之余带一些外国同行专家到西樵山游玩。今后，我希望能尽自己的能力，多为家乡做点事情。”

八、书香门第杜维明

（一）出自名门师承大家

杜维明，1940 年出生，祖籍南海县同人乡大果村。杜维明的父亲杜寿俊毕业于金陵大学，主修英文与经济，后进国家政府资源委员会任职，抗战结束后选送美国深造，在台湾造船公司退休后再度赴美，爱好中国诗词等传统文化和西洋古典音乐。他的外祖父欧阳耀如，家族显赫，是北宋名臣、文学家和史学家欧阳修的后人，是中国同盟会最早的会员之一。母亲欧阳淑丽，曾经是徐悲鸿的学生，肄业于金陵女子大学艺术系。杜维明从小就受到家庭良好文化范围的熏陶，这种潜移默化，对他的一生影响很大。父亲在杜维明小时候，常常晚上闭灯幽坐，两人一同欣赏留声机发出的美妙的西洋乐曲。恰是孩提时代的这种经历，培养了杜维明的文艺鉴赏力，直接影响了他后来在学术上提倡并践行的“以学心听”。1945 年，杜维明举家迁至上海，在同一年他开始上小学，1949 年迁居台湾，到台北女子师范附属学校完成小学学业。

杜维明正式接触儒学是在台北建国中学高中阶段。他遇到了杰出的启蒙老师周文杰。周文杰是牟宗三的弟子，他从班级挑选了四五个学生，开展课外传授，其中包括杜维明。周文杰首先给几个学生讲习《古诗十九首》等文学经典，以培养其兴趣，而后讲授四书。从这时起，杜维明对国学文化和儒家文本产生了浓厚的兴趣和尚友千古的情思。

而后周文杰引荐杜维明结识了台湾师范学院教授中国哲学的牟宗三。牟宗三教授，祖籍山东栖霞，被称为最具“原创性”的“智者型”哲学家，是那时港台新儒家中的大家。1955 年夏，杜维明与几位学友旁听了牟宗三的授课。又通过牟宗三认识了唐君毅和徐复观两位大师。由于这些机缘，杜维明在 1957 年高中毕业时报考了牟、徐两位大师任教的东海大学。

那时，社会上存在着鄙视传统文化和轻视人文科学的风气，因此杜维明进大学第一年读的是外文系。东海大学中文系主任徐复观不仅注重思想史研究的歧见，以及对传统与现实政治的批评来凸显中国文化的恒常价值，而且更注重中国文化研究人才的发掘和培育。他看出杜维明是可造就的人才，就对他及其父母说服动员，在大学二年级杜维明转入中文系，基本上确定了以后的人生发展方向。

在中文系的三年里，杜维明听完牟宗三讲授的黑格尔、康德等哲学思想，听过徐复观讲授《孟子》、西汉思想史和《文心雕龙》，跟随鲁实标点《史记》练习基本功，先后师从过研究杜诗、蒙元史的孙克宽，研究白话文的梁容若，研究宋词的萧继宗，研究自由和人权理论的张佛泉等。东海大学是教会学校，但是不强迫信仰。学校开办了多种课外学术沙龙，杜维明参加了欧美现代哲学思潮研讨和基督教读经班的宗教活动等，从这些活动中接触了多种思想流派。1961 年，他大学毕业获文学学士学位。

（二）海外留学奠定权威

1962 年 9 月，杜维明获美国哈佛燕京学社资助，前往哈佛大学留学。在那里他选读了历史系思想史专业，也常常在哲学系和社会科学系听课。在那现代化理论突出的年代，他师从当时美国最具影响力的社会学家博深思和宗教学者史密斯、史华慈、杨莲生及心理学家艾力森等名家，从留学之日起，便基于儒学本位而和现代学界进行许多辩难和沟通，并对现代学术予以广泛吸收和回应。

那时他虽然内心大致认同儒学，可一直抱着开放的心态，因此，每当与基督教等其他思想体系发生碰撞后，就经常反思原先接受的儒家观点。杜维明不是为捍卫儒家传统而认同儒家，只为追求真善美，就是儒家思想中最有价值的部分。实际上，任何传统体系既有精华也会存在糟粕。幸运的是在哈佛大学他有机会与美国顶级社会学家和人文学家直接探讨儒学。那时美国最具有影响力的社会思想学家帕森斯把韦伯的现代化理论带到了哈佛。通过帕森斯杜维明结识了研究轴心文明的顶级学者贝拉、研究基督教神学与宗教比较学的史密斯，还认识了比较文化学的学者艾森斯塔德。与这些大师切磋后，他感悟到，要了解儒学就要把它放在全球文化发展的视野中，也就是轴心文明中。他坚信，儒家文明作为四大文明的一部分，也是轴心文明的一部分。1966 年，杜维明在修完研究院课程并通过博士考试后，出席了美国哥伦比亚大学举行的“明代思想会议”，还到欧洲做了一次大范围的游学。然后回到台湾，在东海大学担任讲师，开设了“文化认同与社会变迁”课程，从此开始了教学生涯。

杜维明脚踏人类现代文化发展的基地，用世界文化多元发展的眼光审视传统哲学，力图通过对传统的创造性转化，复兴中国传统文化，使中国文化走在世界文化发展的康庄大道上。他希望中国文化能实现现代化与世界化，希望中国传统文化中的“内圣情”得以发扬。实际上，他对中国传统文化的反思，对传统儒学的“照察”，对儒教中国及其命运的分析，对“儒学第三期发展”前景的展望，不乏真知灼见，极具理论创新意义。

杜维明先后受聘为武汉大学、复旦大学、北京大学、中山大学、华中理工大学等高校客座教授，出任国际儒学联合研究会副会长、中国旅美社会科学教授协会顾问、香港城市大学当代中国研究中心顾问，还担任《哈佛亚洲研究学报》（美国）、《东西方哲学》（美国）、《中国哲学史》（中国）、《人文论丛》（中国武汉大学）、《当代》（中国台湾）、《明报月刊》（中国香港）、《亚洲文化》（新加坡）、《人文杂志》（马来西亚）等学术刊物的顾问或编委。

2009 年，杜维明荣获首届“孔子文化奖”，2013 年 1 月获 CCTV2012 年度“中华之光”大奖，2013 年获得首届“传播中华文化年度人物”称号等。

（三）师生相传灵根重植

作为唐君毅的追随者和牟宗三、徐复观的弟子，杜维明深切体会到前辈们和师兄弟们对儒学“花果飘零”景况的痛惜之情，由于美国留学的阅历和思考，他提振儒学的使命和愿望日益坚定。1966 年发表的《儒家的新考验》把西方现代学术理论和儒学进行了比较，提倡儒学的信心存在于字里行间。他已经决定将对儒学的价值开展长期的研究探索。

1967 年，杜维明到夏威夷大学出席东西方哲学会议巧遇唐君毅。那时唐君毅正在该校开设宋明儒学，杜维明有幸聆听了五周课程，亲聆了先生源头活水般涌现的“渊博和洞察力”，使他更加体会到“要先认同自己个人心中的中华民族和中国生命”，要在文化生命上做个“仰不愧于天，俯不怍于人”的中国人，才是由具体存在通向普遍价值的康庄大道。这一自我意识的形成和不断成熟，构筑了杜维明在那个时期学术思想的特点。也是在同一年，他发表了论文《有关“儒学研究”的几重障碍》，开始酝酿运用新的方式开展儒学创新实践。1967—1978 年，杜维明撰写了相当数量的高水平学术论著，构建起个人的学术思想体系，明确了新儒家精神的研究方向。

1981 年，杜维明离开了任职 10 年的伯克利加州大学历史系，返回母校哈佛大学任东亚语言与文明系的中国历史与哲学教授，并出任哈佛大学儒学研讨会主持人。哈佛大学的学术环境不仅带来新挑战，还带来了更大的发挥空间。这年，他因直肠息肉接受手术治疗。这一经历，对杜维明以后的学术发展产生了明显的意义。他曾说过，麻醉之前我想，如果一命呜呼，我这一生应该如何作结，墓碑上应写什么，“一个在美国进行儒学思考的学术从业人员”，还是“现代儒学思想家”？手术后杜维明学思进程发生了缓慢而明显的转折。

后来杜维明频繁地演讲、参加学术性会议与社会活动。他热心以其学术和思想回报祖国，同时注重深入地同大陆学界互动，更多地吸取学术与思想养料。1985 年应邀去中国解放军空军政治学院做关于中西文化比较的演讲。在某种程度上，他已成为现代新儒学的形象代言人，是个在国际社会人文学界有影响力、有声望的新儒学大家。

作为现代儒学新生代的一员，杜维明与老前辈相比，已站到了更高的起点上，以更开放的胸怀看待儒学在现今世界所起的作用和占有的位置。他之前的新儒家学者，大都试图说明儒家的内圣之学应该并且可以成为社会发展所需要的民主和科学的基础，认为科学和民主是儒家哲学本身的应有之义，因此他们都致力于说明儒家的思维方式和价值取向是同近代科学民主精神相融合的，这一研究过程不可避免地存在着“比附”大于“论证”的倾向。而杜维明抓住 20 世纪七八十年代以来“东亚工业”社会出现的解释，部分地将现代工业社会的产生归于儒家文化导致的“不期而遇”的结果，体现出一种从儒学社会功能的角度对其进行解释的新倾向。

杜维明立足人类现代文化发展的基地，用世界多元文化发展的开阔眼光审视传统儒学，力图通过对传统文化的创造性转化，复兴中国传统文化，使中国文化走在世界文化发展的康庄大道上，这表达了一位海外华裔学者对中国文化的眷恋之情。实际上，他对中国文化的反思，对传统儒学的“照察”，对佛教中国及其命运的分析，对“儒学第三期发展”前景的展望，不乏真知灼见，很具理论创新意义。

九、寒门“秀才”崔康常

（一）家境不好靠自己入名校

崔康常，太平绅士，祖籍南海九江，投身教育界 30 多年。1972 年香港大学毕业，其后获得中山大学教育硕士学位，新南韦尔斯大学哲学博士。1979—1996 年，为香港葵青区顺德联谊总会李兆基中学首任校长，同时曾被委任为葵青区议会议员，直至他卸任李兆基中学校长，后任香港恒生商学书院校长及恒生管理学院创校校长。

崔康常的父亲在他还没出世时已到香港打工。崔康常三岁时父亲就去世了。一家人挤在一间旧房子里，靠几个哥哥外出干活养家，生活一直很困苦。在他十多岁读中学时家里才有电视。因为家境贫困，崔康常没有进过幼稚园，小学读的是那种学费最便宜的“下午学校”，每天下午只上两小时的课程。他的成绩不是很好，在老师的辅导下，恶补中文、英语和数学三门主科，慢慢增长了自信心，成绩也不断提高。

中学考试得了所在小学全校第一，进入香港中学名校——拔萃男书院，香港一些立法议员和政府高官也是出自该校。这所书院是全英文教学，由于小学只上两小时下午课，英文学习时间非常有限，刚到中学时他成绩很差，曾得过全班倒数第二。可崔康常并不放弃，而是更加勤奋地读书，结果升读了大学预科班，后来考入香港大学。那个时候能考入该大学的只有考生1%左右的比例，可见他的学习是多么刻苦奋发。

（二）不到30岁的香港校长

以优异成绩从香港大学毕业后，由于坚信教育可以改变人生，崔康常选择了教师职业。1978年香港开始实施九年义务教育，但民校教师的薪水只相当于官办学校的80%，他钟情于所选择的事业，不在乎金钱，在香港铭贤书院教了七年书，29岁时当上了顺德联谊总会李兆基中学校长。

崔康常认为这对他的人生产生了重大影响。李兆基中学开办第一年一下开办了12个中一班（即初一），这在香港历史上是“前无古人，后无来者”。新办民校收的是最差的学生，成绩都是属于后20%，个别学生竟然在课堂公然辱骂老师。面对少部分顽劣学生，崔康常坚决采用“修理”的方式，他是当时出名的“打学生校长”，这种“杀一儆百”的做法很有效。此外，他想出开展文艺、体育竞赛活动等办法来提高学生“做事”的积极性。学生们在运动场和舞台上取得成绩，很大程度上激发了其自信心，学习成绩明显进步。在香港中三考试（相当于内地考高中）中，学生考中率大大提升。

（三）把中学办成“A级学府”

卸任李兆基中学校长后，崔康常又转任恒生商学书院校长。他提出的“增值”理念，即在原有基础上，再提高5分，就能创造奇迹，在恒生商学书院取得了明显效果。恒生商学书院所面对的是普通的中学生，不再是最差中学生；他用“增值”理念鼓励学生：“你们只要进步几分，整个世界都会改变了。”

“增值”理念让恒生书院成绩“威”尽香港。全港大约有500间中学，近10年间的统计产生了10个6A状元，其中9个是出自恒生商学书院。每年香港5A状元近20个，有一年其中75%是恒生商学书院的学生。历年香港预科考试发榜，所有媒体人都会去恒生商学书院，他们坚信恒生必有状元产生。恒生商学书院被媒体冠以“A 工厂”“A 级学府”等称号。

2012 年后，恒生商学书院开始转办恒生管理学院。崔康常认为，香港缺乏大学，大学学位有限，因此他改办大学。他的理想是学生们通过大学课程继续升值，希望学生为香港贡献一份力量，提高香港在世界的竞争力。

（四）积极促进与家乡的合作

崔康常为了寻根曾两次回到家乡南海。对于自己的老家他没有什么深刻印象，依稀记得那是个水乡。父亲曾经告诉过他，爷爷那一代是在桑基鱼塘边生活的。令他高兴的是，在乡亲们的协助下，他终于找到了自己的根，那是九江沙头水南村。甚至还寻到了曾经住过的小巷子——石柱巷。

当崔康常第二次回家乡时，发现老家又有很大变化，道路建设、城市配套等已经相当完善。对于坐落在佛山市南海区千灯湖畔的广东金融高新技术服务区，他是赞赏有加，认为佛山市委、市政府具有远见卓识。在全球经济一体化的大背景下，致力于打造国际金融中心，除了让本地的就业率、就业职位素质提升外，使佛山这座城市能更加面向世界。

多年来佛山对人才十分重视，提出了人才立市战略。崔康常认为佛山市与自己所办的教育有多方面的合作机会。他觉得，学生只在一个地方读书，眼界不够宽，学生应当具有国际化视野。佛山的学生可以到香港恒生管理学院交流，恒生管理学院的学生也可以到佛山市上课，香港和佛山完全应当互补促进各自的发展。

中国现在的发展真的是日新月异，给年轻人带来了大把的好机会。崔康常寄语青年要扎根祖国，但视野要面向世界。他还希望年轻人每天要给自己一个目标，人的一生更要选择个大目标。每天的目标达成了，那么一生的目标终究会实现。

第四节　对佛山家教及现实的总体评析

一、对佛山传统家教的评析

在佛山地区，能在历史典籍文献中，找到家庭教育痕迹的，主要是官宦人家、诗书家庭、商贾人家，以及具有技术专长的家庭或家族，纯粹的农户或其他劳动人民家庭还是少见，因为家庭教育的传承也需要一定的经济和文化基础。

在传统家教的内容分类中，我们分为为国、为族、为家、为人、为官和为技六大方面，六方面均有不同的侧重和代表人物。

在“为国”部分，南海陈子壮自幼得到父母的良好教育，长大为官耿直清正，成为抗清英雄。在“为族”部分，康有为的教育世家很有特点，从小他饱读诗书，尽管科举不中，但鸿儒大家的地位无人质疑。家族多代的重视和从事教育事业，才有了康氏门第“谈笑有鸿儒，往来无白丁”的美誉。在“为家”部分，其中的家可以解释为家庭或者家族。跌打世家的始祖梁财信，由务农偶然转向学习跌打医术，在他之后，家族中有几十上百人行医开馆。从佛山传统家教的为国、为族和为家三大部分内容中，我们不难悟出一个道理，那就是其中的国家、氏族和家庭之间的密切关系，有国家才有氏族，有氏族才有家庭。家庭是国家最微小的细胞，家庭教育与热爱、维护和发展国家紧密相连。

在“为人”部分，我们列举了心仁行善的招雨田的事例。他出身贫贱，刻苦勤俭终成一代富商。致富之后不忘社会公益事业，家乡修堤、赈灾、兴乡学无一不出资效力。他的家教名言是：“散我之有余，济人之不足，谓之仁心，谓之善行。”招雨田的言行集中反映了我佛山传统家教重视家庭成员“德行”的特点。

在“为官”部分，佛山的三位作为政府官员的老前辈李待问、庞嵩与何梦瑶，他们一个共同的特点是无论当朝如何昏庸腐败，但出淤泥而不染，十分难能可贵。而且都热爱百姓、不惧权贵、为民造福、为民做主。这些官员率先垂范，为自己的家庭和家族树立了为政清廉的典范。像庞嵩在家乡提倡“联族以恩，处乡以睦”，教育家乡父老和睦相处。佛山这些先贤的为官之道，真是值得现今佛山各级政府官员和公务员思考和效仿的，那些贪官污吏在如此伟岸的先贤面前不知是否脸红心跳呢？

在“为技”部分，我们给出了咏春拳宗师叶问、陶塑大师陈渭岩、瓦脊陶塑专家廖洪标三个典型案例。他们一生专攻技艺，是某个专业和技艺的大师。有其家庭的影响，更有其自己全力打拼的努力。像陈渭岩的作品《日月神》，在光绪二十八年（1902 年）就入选巴拿马国际博览会展览。叶问的咏春拳，从国内走向国外，在美国、英国、法国、德国、加拿大、澳大利亚等许多国家设有武馆，具有很大的影响。叶问、陈渭岩和廖洪标就是大国工匠，更重要的是他们一生专研、精益求精的工匠精神，是非常值得我们现代家庭学习的。大国工匠和专家学者、社会精英一样，都是佛山这座城市快速发展的脊梁。

二、对佛山近现代家教的评析

对于佛山地区近现代家教的文献部分，我们经过精心提取和筛选，凝练为典型传家、立志报国、优质教育、身残志坚、倾心建筑、兴趣导向、榜样力量、书香门第和寒门“秀才”九方面内容。这些内容和其中的人物尽管各有其分类的特点，但都开始具备了现代化科学技术知识和能力的特点，其中大部分人物是科技方面的精英。

庞雄飞教授生于教育世家，具有满门尚学的特色，夫人是国内外知名的昆虫学家，女儿继承父母之志，成为昆虫学博士。

梁栋才研究员出身寒门，顽皮贪玩，高中时幡然醒悟，后出国深造，终成国家栋梁之才。成名后对儿子和孙辈教育有方，高龄之时依然鞠躬尽瘁、攀登不息。

岑瀑啸、岑瀑涛姐妹出身世医名家，两人赴美国留学，以优异成绩毕业后，进入美国知名大医院工作，都是世界知名的医学博士。她们身在国外不忘祖国，一直在为自己的家乡做贡献。

陆启铿幼年患小儿麻痹下肢瘫痪，以惊人的毅力拄着拐杖完成大学学业。后来坐着轮椅搞科研，晋升为研究员，还当选为中国科学院院士。

关肇邺教授生于学仕之家，自幼受到优良的家庭教育，见闻习染饱读诗书。为兴趣所致，放弃了燕京大学理科学业，重新考取了清华大学建筑系，终成一代国家级建筑大师。最为可贵的是关肇邺的父母开放包容，任由子女自行决定职业志向。

范海福从小学到初中，只对美术、音乐和语文感兴趣，偏科很厉害。母亲总是依据他的特点施加引导，她的循循善诱成就了出色的孩子。范海福后来对无线电技术产生了兴趣，考入北京大学化学系，最终成为中国物理学研究的大师级人物。

罗绍基自小受到妈妈的鼓励，要努力读书，像留学法国的舅舅那样。后来又以詹天佑为榜样立志做工程师，他考入了清华大学水利专业，毕业后常年战斗在水电工程第一线，担任技术管理工作30多年。在他走上全面领导的岗位之后，为官十分清廉。从领导岗位退下来后，又出任大学教授投身教育事业，还作为国家级专家，依旧献身于挚爱的水利事业。

杜维明院士出自名门世家，从高中起对国学文化和儒家文本产生了极大的兴趣，在海外留学时对中西文化兼收并蓄，成为学贯中西的世界级人文学权威。

被称为寒门“秀才”的崔康常小时候家庭十分困苦，父亲去世靠哥哥养活。小学是廉价的“下午学校”，每天只上两小时课。但他十分勤奋，中学考入了香港名校，接着考取了录取率1%的香港大学。在29岁时就担任了中学校长，并把该中学办成了状元频出的“A级学府”，全香港知名。

从如上9个事例我们可以看出，这些近现代科技、教育、文化和管理精英，有些是由于良好的家庭教育作为人生的起点，例如庞雄飞、岑瀑啸岑瀑涛姐妹、关肇邺、罗绍基和杜维明；还有的是残疾孩子陆启铿或贫困家庭的子女梁栋才、崔康常、范海福居于不利的家庭背景和自身条件，则是“背水一战”，通过惊人的毅力和奋发的读书态度，改变了人生的命运。无论是文化世家还是寒门奋斗出来的成功人士，家庭教育都起到了至关重要的作用，而他们自己对知识和职业的不懈追求则为后代树立了效仿的榜样。

庞雄飞、关肇邺、范海福和杜维明的父母都十分尊重子女的志向，任由孩子带着强烈的兴趣开拓自己的事业，这是十分值得当今家长们深思和学习的。

在近现代的家庭教育中，不少集大成者具有海外留学背景，东西方的先进科技助力他们成名成家。例如庞雄飞、梁栋才、岑氏姐妹和杜维明等人，将东西方的科学技术融会贯通，是造就中国精英的一条有效通道。

还有一个事例值得我们认真思考，那就是杜维明的成才之路。他所研究的领域是国学文化和儒家思想，研究内容主要发源地在中国大陆，而台湾地区仅仅涉及其一小部分。可他依旧远赴美国哈佛大学学习、研究西方思想史等领域，他以学术开放的心态对待中外文化知识，最终当选美国人文社会科学院院士，被公认是现代新儒家学派代表人物。

三、传统家教与近现代家教的互补与融合

通过分别对佛山地区传统家教和近现代家教的梳理与评析，我们可以

看出，家庭教育随着时代的进化，随着家庭的家长或家族首领思维认识的深入，无论从概念还是内容都会与时俱进，产生新的变化。这种变化包含了优秀部分的继承、糟粕东西的扬弃以及新生事物的囊括。佛山的传统家教和近现代家教之间的关系，应当是推陈出新、与时俱进，还有互补和融合的关系。

从继承的角度考虑

传统家教时代的维护家庭利益、家族利益，最终要落实到维护民族和国家的利益。到了近代，西方列强和日本军国主义大举入侵中国，佛山百姓认识到，不挽救中华民族，就不可能保住小家或者家族利益，因此奋起反抗，保家卫国。而在现代，在中华民族走向全面复兴的时代，更是需要我们维护和传承这种可贵的家国情怀。

古代佛山籍的官员李待问、庞嵩与何梦瑶出淤泥而不染，一心为民，两袖清风。他们不惧权贵，热爱黎民百姓。近现代时期的罗绍基院士为官几十年，极其清廉，掌管着几十上百亿元的工程项目，面对几十家中外承包商，从不与私人接触，不接受任何请客送礼，在位艰苦创业、勤俭干事业几十年，从领导岗位退下后，当教授关注青少年教育事业，做专家继续为水利事业贡献力量。这些都是值得令人学习和继承的宝贵精神财富。

从扬弃的角度考虑

传统家教是处在封建专制的社会，皇权代表和管理国家，忠于皇上等同于忠于国家，在传统家教中忠君报国才是正道。到了近代的家教中，这种忠君的思想已被打破，成了过时的观念。

还有就是在传统的家教中，科举入仕应是孩子一生追求的正途，西方教育是旁门左道，远赴异邦拜“夷人”为师，实属荒诞无稽。而在近现代越来越多家长认为西方先进国家的教育值得追求，不少家庭不惜举全家之财力，保送子女西方深造。

从与时俱进的角度考虑

在传统家教时代，“为技”是为了获得养家糊口的一技之长，或者纯粹是为了兴趣爱好。例如咏春拳宗师叶问对拳术怀有极大的兴趣，陶塑大师陈渭岩和瓦脊陶塑专家廖洪标是子承父业养家糊口。而在近现代家庭教育时期，庞雄飞、岑氏姐妹、关肇邺、范海福、罗绍基和杜维明等各界精英也是具有满足兴趣爱好、子承父业等因素，但是还增加了志攀高峰、为国增光等更高远的个人志向，这就是与时俱进的时代气息。

因此，我们的结论是，在全国人民致力于中华民族伟大复兴、实现中国梦的时代，佛山地区的家庭教育要继承传统家教的家国情怀、状元文化，吸收近现代家教中的开放教育、工匠精神和科技意识，按照习近平总书记的要求，注重家教、注重家庭、注重家风，使千千万万个家庭成为国家发展、民族进步、社会和谐的重要基点。

第四章

西方国家家风家教文化的借鉴

第一节　西方国家家风家教及其解读

一、西方国家家风家教的作用

按笔者最通俗化的理解，家风是一个家庭/家族特有的文化风气。它当然包括其稳定的风俗、习惯、作风和传统等文化内涵。通过研究文献典籍和比较，笔者认为西方对家风的认识与我们大同小异。从一些典型大家族案例来分析，他们的做法主要是，家庭/家族中的长辈通过言传身教向晚辈传带。例如，美国著名的政治家族——布什家族，被美国媒体和公众不约而同地称为“布什王朝”，父亲老布什曾两次当选美国副总统，一次当选美国总统。他的大儿子普雷斯科特·布什是共和党全国代表大会青年代表主席、得克萨斯州土地专员；二儿子沃克·布什（人称小布什）两次当选总统，曾任得克萨斯州州长；小儿子杰布·布什曾两次当选佛罗里达州州长，尽管2016年2月他竞选总统失败黯然退选，但仍可见布什家族在美国政治游戏场的显著地位。

通常情况下，美国人相信家族传承的基因优势。“他的父亲（老布什）是个好人，所以我们也相信他是个好人。”2001年，这条信念帮助耶鲁大学学业平平的沃克·布什（小布什）击败竞争对手，登上了总统宝座。时至今日，家族传承的基因优势仍是许多美国人内心遵从的一条选择标准。

至于家庭教育的研究，西方从公元前400年左右开始，直到近现代产生了几十位知名大家，提出了众多的理念、理论和思想，他们的智慧论述和实战经验总结相当丰富。这些卓越的学者和教育家都认识到家庭、父母及其他长辈在家庭教育中的重要作用。例如，关于父母和家庭的作用，著名儿童教育专家蒙台梭利认为：“最好的环境就是父母本身，在与父母的相处和言行模仿中，婴儿才能成长。”英国知名教育家约翰·洛克提出父母和家庭是塑造儿童心灵的关键力量，一个孩子将来成为什么样的人，这完全取决于孩子的父母是何种层次的人，取决于孩子在早期成长过程中受到的何种层次的家庭教育。可以说家庭教育左右着一个孩子一生的命运。

二、西方国家对家风家教的解读

西方家风家教理念、观点的案例可以说是相当丰富的。裴斯泰洛齐学派的先驱者爱尔维修认为：“人刚生下来时都一样，仅仅由于环境，特别是幼小时期所处的环境不同，有的人成为天才或英才，有的人则变成了凡夫俗子甚至蠢材。即使是普通的孩子，只要教育得法，也会成为不平凡的人。”《卡尔·威特的教育》出版于1818年，是世界上论述孩子早期教育的最早文献。该书作者老卡尔·威特首次用实证方法证明了家庭早期教育对子女成长的重要性，他那有些智障的儿子10岁进入大学学习，16岁已获得哲学博士和法学博士两个学位，随后一直在德国著名大学里担任教授，儿子所有令人羡慕的成绩和人生，都是老卡尔夫妇主动教育的结果。

对于家庭教育的知识和行动，蒙台梭利指出：“实际上，要想做好儿童的家庭教育，父母也必须经过一定的训练才行。当然父母的作用主要是引导孩子的心理活动和身体的发展。因此，父母是指导员的角色。但这并不意味着其作用就此降低，相反，他们指导的是孩子的生活和心灵。他们要为孩子准备学习的环境，除了教会孩子知识，还必须充当孩子的观察者和指导者。……传统教育的弊端就正是在于过多地传授知识，而忽视了孩子的个性发展。”

斯托夫人1881年出生于美国宾夕法尼亚州，成人后担任匹兹堡大学语言学教授。她的《斯托夫人的教育》是影响世界亿万母亲的伟大读物。她通过研究《卡尔·威特的教育》，对家庭教育产生了浓厚的兴趣，逐渐形成了自己的教育思想。在自己女儿出生后，她的教育思想和方法用以实践，取得了非常好的效果。斯托夫人“伟大始于家庭”的教育理念实施后，她的女儿维尼芙雷特5岁时就能够熟练运用八种语言，并且能将这些语言翻译成世界语，真是令人称奇。蒙台梭利的教育理念，体现了“多与孩子相处，爱就是最好的教育。让养育回归大自然的指导，而非理性的指导。教育需要做的就是消除对创造力的障碍”。

如果归纳如上的这些西方教育家和实践家的教育理念，我们可以得出这样的结论：在家庭/家族中通过良好的教育理念和教育方式培养孩子非常有必要，并且是大有学问的。对孩子需要在心理、素质、技能和身体方面实行全方位的培养和塑造，只有这样才是孩子合理的早期教育。如果在心理、素质、技能和身体教育中的任何一方面有缺失，那培养出的孩子就是不完整、不健全的。今后在子女成长为成熟社会人的路途上，家庭教育的缺失之处非常可能是其今后人生致命的隐患。

第二节　西方国家典型家风情况

一、家风塑造未来

家风是否重要，我们可以从历史的比较看出端倪。家风的重要性在数百年前已经被世人所认识，我们可以通过一个典型而著名的实例来证实，即两个家族200年后的比较——爱德华兹家族和马克·尤克斯家族。

美国学者A. E. Winship在1900年做了一项研究，对两个家族的成员职业和素质进行了对比，据此撰写了著名的*Jukes – Edwars*一书，追踪了两个知名家族近两百年的繁衍生息，考察的结果非常耐人寻味，也让我们感叹不已。这两个处在同一时代的家族，一家是信奉基督教的爱德华兹，另一家是无神论的著名宗师马克·尤克斯。当时，马克·尤克斯曾对爱德华兹说：“你信的那位耶稣，我永远不信！”有人统计了200年后爱德华兹家族和马克·尤克斯家族的成员职业和情况如下：

1. 爱德华兹家族

人口总数：1394人，其中有：100位大学教授，14位大学校长，70位律师，30位法官，60位医生，60位作家，300位牧师、神学家，3位议员，一位副总统。

2. 马克·尤克斯家族

人口总数：903人，其中有：310个流氓，130个坐牢13年以上，7个杀人犯，100个酒徒，60个小偷，190个妓女。还有20名商人，他们之中有10名是在监狱学会经商的。

面对两个家族成员的比较，有人发出感叹：时间的伟大，在于它可以见证一切真实与浮华！这个世界没有偶然。不少人都很难理解，历经几百年为什么结果如此叫人吃惊？有人给出的结论是爱德华兹家族传承了信仰，通过信仰的传承他们在后代的心田里播下了两颗珍贵的种子：

一颗是向善与珍爱的种子，因此家族涌现了如此多的牧师、医生和大学教授。另一颗是心生敬畏的种子，这样家族繁衍的子女，总是会感受到，头上有三尺神明。

再来看看马克·尤克斯家族，他们的祖先就什么都不信，不存在什么信仰可以传承。绝大多数家庭成员都是我行我素，没有人对家庭或家族负责，因此衍生出那么多的流氓、酒徒和妓女也就不奇怪了。

当然，需要说明的是，现实社会中很多人都是坚定的无神论者，但是无神论者并不意味着就没有信仰，毫无敬畏感。习近平总书记也强调：“人民有信仰，民族有希望，国家有力量。”这是读者需要加以认识和辨别的。

二、习惯成就命运

父母通过精心训练，会让孩子们形成遵守时间的习惯。化学元素周期表的发明者门捷列夫是俄国著名化学家。他出生在一个有很多调皮孩子的家庭，督促孩子们读书成为爸妈很头痛的事情。父亲管这个顾不了那个，搞得很是焦心纠结，后来逼得他想出了一个好办法。

一天，门捷列夫与其他兄弟姐妹像以往那样，还没完成作业就闹着要和爸爸做游戏。爸爸一改往常的态度，收起笑容严肃地说：“我现在很忙，没时间和你们玩。”儿女们都噘起了嘴巴。爸爸接着说：“不过嘛，如果你们谁能制定个简单的学习时间表，然后又能按那个时间表去学习的话，我就和谁一起玩。”孩子们听了，都按照父亲的要求制定了学习时间表，老爸据此严格监督他们的读书情况。当大家按照各自的时间表完成作业及预习以后，父亲才会笑容满面地与之一同做游戏。

门捷列夫的父亲很深刻地理解，活动习惯背后的动力是一个人的责任心。他开始进一步培育子女们的责任心，有时看起来相当不近人情。

一年夏天，天降暴雨，家里的房子开始漏雨了。门捷列夫的爸爸刚好不在家，妈妈只好领着孩子们去房顶修补。他们一直干到深夜，才把房顶修好，孩子们精疲力竭，趴在床上饭都不想吃了。正当他们准备要睡觉时，爸爸回来了。他看到大家劳累的样子，先表扬了他们一番，接着要求孩子们先完成作业才能睡觉。孩子们纷纷提出抗议，就连妈妈也不同意。可爸爸坚定地说：“在求知的道路上永远没有特殊可言，你们自己制定的时间表，一定要按时完成。”子女们没办法，只得爬起来完成了当天的作业。就这样日积月累，大家养成了遵守读书时间的良好习惯。

很不幸，门捷列夫 13 岁时父亲就过世了。那时的母亲表现得分外坚强，她用丈夫的语气对子女们表示：“不要因为你们的父亲不在了而荒废学业，去完成今天的功课，在求知的道路上永远没有特殊可言。”为了不耽搁孩子们读书，母亲不顾亲友的反对，把父亲出殡的日期改到了星期天。父亲去世后，家里的负担日益沉重，母亲为了生计不得不四处奔波，已无暇顾及孩子们的学业。然而让人啧啧称奇的是，这些孩子的成绩不但没有下降，反而都在不断提升。这是由于他们早已形成了良好的习惯，在什么时候做什么事情，门捷列夫与其兄弟姐妹就像钟表一样，井井有条。后来家境日差，家里三个较大的男孩子中学毕业后失去了上大学的机会，先后去了工厂当工人。但是因为父母的督促，他们从小养成了良好的读书习惯，一有空闲时间就自觉地学习，后来三个哥哥都通过自学成了工程师，做了技术专家。

1869 年，门捷列夫公布了其第一张化学元素周期表，成为化学界一颗冉冉升起的新星，被荣耀和掌声所淹没。但在少年时代已经养成的学习习惯使他没有被一时的胜利冲昏头脑，他懂得科学的道路是永无止境的。经过持续的努力，1871 年又发表了第二张化学元素周期表，并一直沿用至今。他本人也因此进入影响人类进步的著名化学家行列。

三、有梦才能前行

（一）心存梦想，穷鞋匠爸爸培养出大作家

世界著名的丹麦童话作家安徒生出生在富恩岛一个叫奥赛登的小镇上，他的家乡有不少地主和贵族。可他的父亲只是个穷鞋匠，母亲是洗衣妇。贵族与地主们担心自己的身份被降低，从不允许他们的子女和安徒生一块玩耍。安徒生的父亲非常生气，可他并不在儿子面前表露。父亲若无其事地说："孩子，别人不跟你玩，爸爸陪你玩吧！"爸爸亲手把安徒生简陋的房间布置得像个小博物馆，橱柜上放置了一些玩具，书架里摆放着书籍和歌谱，墙壁上悬挂着许多图画和装饰瓷器，连玻璃门上也挂上了一幅风景画。

爸爸除了创造较好的教育小环境外，经常给儿子讲述《一千零一夜》等传统经典故事，还不时给安徒生朗读丹麦喜剧作家荷尔堡的剧本，以及英国著名剧作家莎士比亚的剧本。为进一步丰富孩子的精神生活，作为鞋匠的父亲鼓励他感受社会现实，去街头观察埋头苦干的工匠艺人、弯腰弓背沿街乞讨的老乞丐，以及乘坐高贵马车趾高气扬的贵族和地主的生活情境。这些鲜活的经历和父亲倾囊的知识教育以及颇有特点的感受小环境，为安徒生后来撰写出《丑小鸭》《卖火柴的小女孩》等知名童话打下了相当丰富的写作基础。

（二）父亲的激励，造就了美国黑人国务卿

原国务卿赖斯小时候美国的种族歧视非常严重，有色人种被人瞧不起，黑人更是生活在社会的最底层。有一天爸妈带着 10 岁的小赖斯路过白宫，小赖斯非常好奇，想进去瞧瞧。可因为他们家是黑人，不许入内。小

姑娘见此感受到的是屈辱，她凝神望着白宫，一字一顿地向爸妈说：“总有一天，我会成为那栋房子的主人!”父亲非常高兴女儿有如此高远的志向，他勉励小赖斯：“改善这种情况，最好的办法就是取得非凡的成就。如果你拿出双倍的劲头往前冲，或许能赶上白人的一半；如果你愿意付出四倍的辛劳，就可以跟白人并驾齐驱；如果你付出八倍的辛劳，就一定能赶在白人的前头!”

从此赖斯牢牢记下了父亲的嘱托，为了“赶在白人的前头”，她废寝忘食几十年如一日，勤奋学习、积累知识、增长才干。普通的美国人只会讲英语，赖斯除英语外，还精通法语、俄语和西班牙语。为了赶超白种人，她考取了著名学府丹佛大学。美国一般的白种人26岁都还在攻读研究生，而赖斯这个年龄已经成为斯坦福大学最年轻的女教授，后来还出任了该校有史以来最年轻的教务长。另外她又专心学习了网球、钢琴、芭蕾舞、花样滑冰和社交礼仪等等。凡是白人能做到的她都要做到，并且要做得更好。尤其值得一提的是，多数美国白人只知道俄罗斯是个核军事大国，而赖斯对该国的主要武器了解得一清二楚，是美国数一数二的俄罗斯武器控制问题专家。有志者事竟成，由于付出了“八倍的辛劳”，赖斯最终获取了“八倍的成就”。她没有辜负父母的期望，进入成年社会后，一路脱颖而出，圆了她儿时的梦想，成为美国的国务卿。

四、长者培育感恩

这是个普通人家的故事，但寓意深长。家庭主妇玛丽正忙着为孩子们烘烤面包，电话突然响了，她匆忙跑去接听，原来玛丽近80岁的父亲突发心脏病过世了，她瘫在了地上。

“爸爸呀!”玛丽号啕大哭起来。她一边哭泣，一边电话通知亲戚和密友。她的小儿子杰克在旁边泪流满面。要知道，小杰克在5岁之前，外公一直扮演着“父亲”的角色，因此外公和外孙的关系十分亲近。小杰克清楚地记得，“真正的爸爸”总是在夜里工作，白天睡觉，极少有时间陪伴他。慈祥的外公陪着他去打棒球、吃冰激凌和带着他去理发，外公就是他第一个好朋友，更是他人生的领路人，在杰克幼小的心灵里播下了爱、善良和责任的种子。

当杰克长大些，不再需要专人照顾以后，外公因体弱多病且思念故土，就返回他劳作生活了几十年的乡下安度晚年。外公离开时，小杰克依依不舍，哭得很伤心。以后每个寒暑假，杰克都会到乡下陪同外公。平时外公也非常惦念小杰克，不时会给他邮寄各式各样的礼物。现在，亲爱的外公去世了，杰克内心的悲伤可想而知。

在遗体告别仪式现场，当妈妈眼含热泪与家人一起走进殡仪馆，再看这位慈祥老人最后一眼的时候，杰克紧握着妈妈的手啜泣着。当妈妈擦着不停流出的眼泪时，她突然发现小儿子不在自己身边了，就赶紧起身去寻找他。在殡仪馆的入口看到杰克正在帮助那些前来吊唁而行动不便的老年人。这些人有的拄着拐杖，有的坐在轮椅上，个别的甚至需要别人协助才能行动。只见小杰克借助幼小的身躯，尽力搀扶老人们来到外公遗体前进行最后的诀别。

到了仪式的最后环节，丧礼仪式承办者要求玛丽再临时增加一名护柩人。杰克立即站出来说："先生，让我来吧！"那人低头看了一眼杰克说："不行，宝贝，你还太小。"小杰克却坚定地表示："我小的时候，一直都是外公在照顾和陪伴我，可是今后我再也没有机会照顾他了，请你给我这最后的机会吧！"在场的人们无不为之动容，大家不知道小杰克那时才只有 8 岁大。

那一刻，母亲玛丽眼含热泪，她感觉到，过世父亲的挚爱和责任感留给了孩子一颗感恩的心，这何尝不是外公赐予外孙最宝贵的礼物呢！

五、榜样集聚力量

（一）父母率先垂范为子女做出榜样

我们不能不说说一位著名的政治家，他就是前法国总统戴高乐将军。他多年连任法国总统，权倾朝野，但为政十分清廉，逝世后按照遗嘱只有十分简单的墓地，几乎没有给子女们留下什么财产。戴高乐生前坚决反对自己的孩子和家人搞特殊化。

20 世纪 50 年代末，戴高乐将军就任法国总统。他进入总统府爱丽舍宫做的第一件事，就是要求主管礼宾事务的官员："我跟你们约法三章，今后你们最多只能安排我的孩子参加两次招待会。"主管官员们对此很不解，戴高乐总统耐心地解释："这样做可以避免特殊化，对孩子的成长有利。"在戴高乐执政的 11 年时间里，其家庭成员从来没有因为他的地位，得到过任何额外的提升。戴高乐的其他亲属也没有一个人被安排在政府部门任职或者谋取到额外的利益。他还不准自己的子女抛头露面，谋取特殊化。戴高乐将军勉励自己的子女们说，必须从小抛弃"大树底下好乘凉"的观念，只能依靠自己的努力在社会上争得一席之地，而不是依靠父亲去取得特权。

（二）家风中榜样的力量

我们还要提及一位普通的美国人奥斯瓦尔德，由于他本人的诚信做人影响了儿子的一生。美国数字设备公司（DEC）的创始人、总经理奥尔森在美国可是大名鼎鼎的商界人物，曾被美国《幸福》杂志评为“美国最成功的企业家”。但是，在谈及个人成功时，他总是要提到自己的父亲，因为父亲用行动影响了奥尔森的一生。

奥尔森的父亲奥斯瓦尔德是一位没有大学文凭的工程师，自己拥有几项专利，后来成为一个推销员。有位客户购买他推销的机器，通过交谈奥斯瓦尔德发现这位客户并不真正需要这种机器，因此力劝他不要购买。这件事让奥斯瓦尔德的老板火冒三丈，可这件事为他赢得了良好的声誉。同时，奥斯瓦尔德的诚实品德也给了三个儿子深远的影响。他们以父亲为榜样，诚信做人，三人均成为有作为的工程师。奥尔森本人在为人处事上还秉承了爸爸的优点：“办事讲原则，合作重诚信。”他在自己企业员工以及商业伙伴中拥有非常好的口碑。

六、尊重爱好兴趣

（一）为培养儿子不惜放弃职业

奥地利著名作曲家莫扎特的父亲在西方世界的家庭中应当算是比较伟大的，他做出了不惜放弃自己的职业来专心培养儿子的举动，这在西方成年人当中应当是很无私和很另类。不少世人赞誉少年的莫扎特为“神童”，他的许多作品从来都是古典音乐中经久不衰的保留曲目。其实，莫扎特后来取得如此辉煌的音乐成就，是与父亲的精心培育密不可分的。

当小莫扎特三岁时，父亲就注意到他时常安静地坐在旁边，煞有兴趣地观看姐姐练琴，于是开始对其进行音乐启蒙教育。在父亲的亲手指导下，莫扎特 5 岁已经可以写出较短的曲目，6 岁开始创作钢琴协奏曲。当父亲断定孩子是个音乐天才时，为了更好地培养他，就毅然放弃了宫廷乐师的工作，把全部精力用在莫扎特身上。如果没有长辈那种执着的精神、深沉的关爱以及严格的训练，可能就不会出现这位世界级音乐大师的。

（二）家长细心发掘子女的兴趣点

我们再来讨论一个西方家长，他是全球著名画家达·芬奇的父亲彼特罗，可以称为是充分发展孩子兴趣的典型人物。他教育儿子的理念是：给孩子最大的自由，让孩子发展自己的兴趣。彼特罗确实是一位充分理解子女的好父亲，达·芬奇 6 岁的时候，上学了，在学校学了不少东西，但他对绘画最感兴趣。有一天达·芬奇上课不专心听讲，还悄悄给老师画了一幅速写。回家后他把事情讲给父亲听，还给他看了那幅速写。父亲观看后不仅没有生气，反而夸奖他画得很好，据此开始挖掘和培养儿子这方面的才华。

正是因为父亲如此开明，达·芬奇可以全身心地投入自己喜爱的绘画科目上，甚至有时恶作剧专门画画来吓唬父亲。有一次，他用了接近30天的时间，在盾牌上画了一个两眼冒火、鼻孔生烟，看起来十分可怕的女妖头像。为了增加恐怖效果，达·芬奇又把窗户紧闭，只让一缕光线照射到女妖的脸上。后来，父亲一进家门突然看到凶恶的女妖头像，很受惊吓。儿子跑出来哈哈大笑地解释，彼特罗竟然没有生气。16岁的时候，父亲带达·芬奇到著名画家维罗奇奥那里拜师学画。后来达·芬奇在老师维罗奇奥的指导下，刻苦钻研，进步很快，掌握了很多绘画技巧，终于成为世界级绘画大师。

第三节　西方国家典型家教情况

一、重视家教

重视家教的思想源远流长。西方世界早在300多年前，就有教育大家注意到家庭教育对子女的重要作用，例如瑞士著名的民主教育家裴斯泰洛齐（1746—1827）。他出生于瑞士苏黎世一个医生家庭，5岁时爸爸过世了，主要由妈妈抚育长大。这样的人生阅历使他把家长与家庭生活在子女教育中所起的作用看得比其他教育家都重要。裴斯泰洛齐对家教的认识主要有两点：

（一）家庭是教育的起点

裴氏曾表示，教育如同培育幼苗一样，成人对孩子的影响必须遵循其本性，在了解孩子本性，顺应孩子自然法则的前提下，消除阻碍自然发展的障碍。家庭教育作为整个教育的第一阶段是至关重要的。裴斯泰洛齐认为教育应从摇篮期开始，子女最初的关于世界观的知识和获取知识的能力主要来自于家庭教育，要树立人人皆兄弟的思想，培养对所有人都热爱的人。

裴斯泰洛齐的观点是，很多父母自己没有尽到教育孩子的责任，亲手堵住了孩子“唯一幸福的源泉”，却心烦意乱地到处寻求外部毫无效率的教育源泉。他们会雇请教师来代替父母，而教师的主要缺陷是没有父母那种神圣的感情，也没有父母那种培养能力。保姆与教师不可能将自己发自内心的爱和良心倾注在孩子身上，“在这样的环境中培养小孩，其结果是灾难性的……孩子发展了缺乏爱的性格，这是其父母的过失”。因此，母亲除了擦擦洗洗、缝缝补补以及所有那些累人的家务活和生活中分神的事情之外，应该去承担家庭教育这项新的工作。家庭教育主要是父母的事情，而不是家庭教师和保姆的事。

（二）家庭生活是儿童成长的唯一外部环境

在裴氏看来，儿童有自己发展的内在源泉与规律，可是“一切使孩子的身心健康成长的东西都以父母的教育为外在源泉”。源自爸妈与家庭的教育及爱护是子女理解与珍爱别人的基点，又是相对于孩子内心世界而言的“唯一外部环境”。因为家庭生活的作用和反作用，儿女的先天倾向获得发展。“在有爱的能力的家庭环境中，可以预言，不论哪种教育形式都不会没有结果，孩子肯定会变好。”相反，如果孩子出现不活泼、没朝气以及不友善的情况，是由于其爱护的能力还未形成，家庭也没有给予应有的引导与扶持。在家庭中“爱”的指导下，子女会变得更加成熟，更能照顾自己。还有，他们会自动开始满足父母的需要，并激发出为满足他人的需要而无私奉献的意愿与行动。裴斯泰洛齐认为：“一种教育的成功，完全建立在孩子们是有父母的，以及父母们是爱的神圣和出自爱的高尚的人类活动的人格化这样的设想之上。”父母们“能在一定程度上控制孩子的一切环境，排除所有不适当的影响；另一方面他们又能寻找到充分利用特定环境所提供的那种激发孩子的爱和活动的动力，他们不怕困难，富有活力，甚至不惜做出自我牺牲”。

一个成功的学校教育，一个秩序井然的社会，都应当像家庭一样充满兄弟姐妹之爱，政府和教师要能像父母一样对自己的人民和学生施加圣洁和高尚的影响。裴斯泰洛齐断言，来自家庭的爱是对抗世界上的腐败、引导儿童高尚本性自由发展的伟大力量。

二、实用主义

美国教育实用主义盛行。美籍华裔资深教育专家画云博士在其教育手记中分析过，美国在校学生都有机会当领导。从幼儿园开始，要是你想当头，只须说服大多数孩子投你的票，那就有机会了。在中学和大学想成为学生会的干部，全校学生就要投票赞成；想在文体俱乐部当头，那要说动俱乐部的成员来选你。

除了通过走竞选之路获得领导位置外，要是想直接成为某种俱乐部的头，可以去找了解和支持自己的老师拉赞助，自己组织俱乐部。例如画云博士的女儿天和喜欢摄影，就找赞助老师，把一些爱好者组织起来，推荐胜任的同学当主席，自己做秘书，因为天和还担任其他俱乐部负责人，精力分不过来。画云的儿子 Timmy 在学校设有“漫画俱乐部”“垃圾回收俱乐部”以及“口袋妖怪俱乐部”。在学校，要想组织一个俱乐部，总体上没有限制。但是要具备两个基本条件：其一是不要违法，其二是有老师当赞助人。这两点符合就可以设立了。

如果是走竞选之路争当领导人，说服其他学生投票支持你的唯一方法是，通过公开演说战胜对手。像美国这样的国度，小到中小学学生会和俱乐部头头的确认，中到参众两院议员选举，大到国家总统的竞选，每一个活动都需要通过演说来推销自己。在重大的竞选活动中，候选人要多次进行施政演说，像总统竞选时间长达几个月。

演说是个人外表风度和内在素质的综合表现形式，演说需要又演又说。大家都会有如此的体会：能讲出深意的说书人特受欢迎，能唱出情感的歌唱家备受青睐。人生的实质就是一部小说，一篇优秀的演讲稿一定会有内容，它包括人物、事件、场景和冲突等等。如果是学校学生搞竞选，候选人为写好演讲稿，必须研读大量相关资料，通过深刻的思考，抽绎出有说服力的论点和论据，体现在演讲稿件中，以赢得选民的心。在美国，从幼儿园起就已经开始训练演讲这种人文素质的综合培养和应用了。演讲的一种重要表达方式是语气幽默。画云博士的儿子 Timmy 在小学都是通过演说当选学生会干部的，五年级竞选学生会秘书，他在演讲中陈述秘书需要做很多细致的工作不能害怕脏累时，叙述了一段生活故事：“上个星期二市区垃圾车来收垃圾时，我妈妈听到垃圾车的声音，就急忙把垃圾袋拿出门。我冲着妈妈喊：‘那是我的垃圾，你不要动我的垃圾！’我快步走到妈妈面前，夺过垃圾：‘给我我的垃圾！’然后亲手把垃圾递给站在垃圾车后边的工作人员。”Timmy 在演讲中强调“我的垃圾”时那夸张的语气和昂首阔步“背着垃圾”走的动作，把老师和同学们逗得前仰后合。幽默确实是演说中不可缺失的技巧。

这里我们需要强调的是，美国孩子的公正意识很强，非常在意自己选举权利的行使。要是自己的朋友与一个不相识的人一同竞选，他们还是以演说水平高低来取舍，而不会以个人关系亲疏来判断。

三、平等相处

子女和父母没有高低之分。《斯托夫人的教育》作者斯托夫人 1881 年生于美国宾夕法尼亚州，后担任匹兹堡大学语言学教授，其“伟大始于家庭”的教育理念在西方深入人心。她把自己的教育思想用于培育女儿维尼芙雷特，孩子 5 岁时已能熟练掌握八国语言，被誉为“女神童”。在这里我们要通过一些具体事例，来表述斯托夫人与女儿维尼芙雷特是如何平等相处的。

斯托夫人觉得，父母有理由让子女知道他们的烦恼，这无论对父母还是儿女都是十分明智的选择。实际上，把自己的纠结让孩子了解，他们就能产生一种被父母平等相待的感觉，会觉得受到尊重，相应地也会尊重长辈而停止其不适合的行为。维尼芙雷特有时也很顽皮，每当母亲被搅得不胜其烦时，她就会告诉女儿自己的感受，要她学会理解与尊重他人。在养育维尼芙雷特的过程中，斯托夫人发现每当明白无误地向其表明自己的感觉时，往往会收到意想不到的效果。每当这种时刻，多数时候只考虑自己情绪而不顾别人感受的维尼芙雷特，会变得非常有理智，开始顾及他人的情绪了。但需要注意的是，向子女表述自我感受，并不是控诉或指责他们，要是把握不住这种区别，必然收不到理想的效果。

斯托夫人的女儿小时候总是没有时间概念，有时候与小朋友玩起劲了，会很晚才回家。关于此类事母亲曾数次提醒她，有时似乎有些改正。一天孩子又忘记了遵守时间，很晚才回家，母亲很恼火，真想骂她一顿。当给维尼芙雷特开门时，斯托夫人还是控制住了情绪，只是说："感谢上帝！你总算没事。"孩子回应："我一直在罗茜家玩啊，怎么了?"母亲说："你应当早点回家，刚才我非常担心，你玩到这么晚还不回来，真怕你出了什么事。"孩子扑过来亲吻了母亲："对不起，母亲，我以后一定早点回家。"因为采取了正确的方式，女儿深刻认识到了自己的错误，感觉到家长对其深切的爱。此后女儿很少让母亲再担心她什么了。家长在表达自己的感受时，需要采取适当的方式和语气，否则子女会认为你不真诚，让他们觉得父母是在刁难或责备，如此一来，就很难达到教育目的了。

我们都知道，一个人要想得到别人的尊重，首先要尊重人家。这一规则在成年人之间遵循，没有障碍，可是在大人和孩子中间，却常常被束之高阁。通常而言，家长和孩子之间的许多矛盾都是起源于父母过于随便的许诺。在实际生活中有不少家长在承诺时往往表现得过于慷慨，可到头来却又不能兑现，最终导致子女的不满。实际上，这样做是不尊重子女，因此也得不到儿女们的尊重。

斯托夫人指出，要是父母说话不算数，儿女就会失去对长辈的信任感。试想，儿女怎么可能尊重一个不值得信任的人呢？要懂得，我们家长所面对的是活生生有着复杂情感的人，而不是可以随便摆弄的玩偶。

四、自食其力

自己的事情自己担当。教育名著《卡尔·威特的教育》成书于 1818 年，作者老卡尔·威特是 19 世纪初德国的一名乡村教师。当儿子小卡尔·威特出生后，父亲就用自创的教育方式展开培育。后来孩子 10 岁进入大学，14 岁获得哲学博士学位，16 岁又获法学博士学位，一生都在大学当教授，引起了世界性的轰动效应。这里，笔者讲述一些老卡尔·威特教育儿子自己的事情自己做的事例。

老卡尔·威特认为，不论孩子是多么幼小，终有一天能成为在社会上立足的强者。父母要做的是付出全部的爱去协助他尝试融入这个新世界，要他去学习不懂的东西。“虽然儿女年幼而弱小，但我从来不怀疑他的能力。很多人认为，只有到某个年龄段，孩子才能做某种事情。我从来不这样认为，我看重的是在儿子幼小心灵中建立起的自信心。”

小卡尔两岁时就主动帮助妈妈收拾桌子。每当家中客人看他拿起个盘子时，总会说：“卡尔，小心，不要把它打碎了。”而爸爸会说：“没什么，卡尔会把它们收拾好的。”好心的客人不晓得，要是不允许孩子碰那些盘子，可能会永远保住它们不损坏，但是一声“不允许”会在其心灵上留下阴影，可能会推迟他某种能力的发展。

当卡尔尝试自己穿衣服的时候，往往将衣服穿反。爸妈从不嘲笑或责骂，而是耐心地教会孩子。爸爸还鼓励儿子自己收拾房间，即使其动作很糟糕，还是会夸奖一番。房间是否收拾得整齐不重要，孩子能够照顾自己，这就足够了。在这些亲手整理的过程里，孩子在探索与锻炼。只有通过闯荡与锻炼，子女才会逐步成长为有用的人。对于管理自己的培养应当尽早开始，爸妈首先要端正对待孩子的态度，不能啥事都替他们做。子女需要一定空间来成长，来检验个人的能力，来学着应付危险的局面。只要他们可以做，一定不能包办替代。要是长辈做得过多，就会剥夺孩子自我管理能力提高的机会。

真正疼爱子女的父母要关注他们将来可否应对外面的世界。把一个在同情庇护下的、毫无自我生存能力的年轻人无助地推向未来社会，才是最残忍的事，这应当是爸爸妈妈不忍心面对的结局。要使子女成功地走向外面的世界，必须自幼开始培育其自信和自立，不畏惧失败。如果我们替他们做了全部事情，便不可能达到历练他们的目的。在父母包办代替环境抚养下成长的子女，外表可能坚强，其实内心并不强大，缺乏勇气而不敢面对现实。希望家长们有更多的耐心，用深沉的爱去激励与帮助儿女们化解畏惧困难、害怕失败的内心纠结，要用欣赏的目光，看待孩子们的成长。

五、关注心理

关注子女的心理胜过关注生理。西方人的家庭，尤其是知识分子的父母对孩子的心理是比较重视的。乔治·马歇尔教授毕业于美国哈佛大学，他终生都以此为荣。在马歇尔家族里有不少哈佛大学的毕业生，包括乔治的爸爸和爷爷，因此，他们家族在当地被赞誉为“哈佛家族”。在美国有句俗语：“先有哈佛，后有美国。”几乎所有的美国人都认为拥有 300 年历史的哈佛大学是全球一流大学，它培养出了 8 位美国总统、34 位诺贝尔奖获得者以及数不清的各界社会精英。马歇尔教授十分渴望“哈佛家族”的荣誉可以一代代传承，据此他的孩子一出生，便开始教导他为走进哈佛而努力。

教授的儿子马克西姆·马歇尔继承了爸爸的优秀基因，从小就展现出非凡的才智，让周围的人赞叹不已。亲朋纷纷断言：“哈佛家族”即将诞生又一个哈佛毕业生了。每当听到外人如此评价，父亲非常开心，似乎看到儿子马克西姆已经戴上了哈佛的学士帽。可是，随着儿子渐渐长大，他似乎越来越不愿意实践父母的愿望了。当其高中毕业准备申请大学时，十几岁的他忽然提出：“我不想去读哈佛。”

这让马歇尔夫妇很是吃惊，十多年来十分顺从的儿子竟然冒出了如此出格的话，十多年的愿望就这样一下被击碎，真让夫妻俩无法接受。

教授喊了起来：“你为什么不愿意去？难道你不知道哈佛是最优秀的大学，是所有人期望的目标吗？”马克西姆低着头悄声说：“我就是不想去。”教授夫人柔声对儿子说：“孩子，你知道进入哈佛大学对你来说意味着什么吗？它可以让你获得世界上最好的教育，让你在进入社会之后成为最优秀的人，你可以和全世界最优秀的人打交道，向他们学习。如果失去了这个机会，你的人生将会变成什么样？你有没有想过这个问题？”马克西姆低声回答：“我一直是按照你们的意愿生活的，现在我只是想要自己做出一个选择而已。”

父亲马歇尔教授毕竟是高级知识分子，他努力控制住自己的情绪对儿子说：“马克西姆，你知道马歇尔家族被称作‘哈佛家族’，正是因为我们家的孩子都是从哈佛毕业的，这个美好的传统难道要在你这里中断吗？你的祖父如果看到你拒绝进入哈佛一定会非常失望的。”可是，这些饱含深情的话语并没有打动正处在心理叛逆期的儿子，他反驳说：“难道我不进入哈佛就不是马歇尔家族的孩子了吗？如果要成为这个家族的后人必须要以进哈佛为条件，那我宁可放弃。”说完后他转身回了自己的房间。教授夫妻只能呆呆地对视着，很久很久。

接下来的几天马歇尔夫妇渐渐地平静下来，仔细思考着马克西姆的回答，他们逐渐感觉到，确实是把自己的愿望强加给了儿子，而从来就没征求过孩子自己的想法。经过了一番艰难的抉择，他们告诉孩子：“马克西姆，我们对你的爱是无条件的，不管你是否去哈佛读书，你都是我们最爱的宝贝。”儿子听到爸妈的话，长长地舒了一口气，说：“我需要考虑两天。”

两天后，孩子告诉爸妈：“我不想去哈佛。”尽管有过心理准备，夫妻俩很觉失望，但还是微笑着接受了现实。爸妈的态度让马克西姆很诧异，他只是不希望自己的人生被爸妈左右，能够有个人选择而已。在决定得到了爸妈同意后，他才开始认真考虑个人的将来，思考自己该报考什么样的大学。深入思索的最后结论竟是：哈佛大学。当儿子把这个结论告诉爸妈的时候，马歇尔夫妇非常惊喜，可是孩子却说："这是我自己的决定，并不是因为你们要我去我才去的。"

六、创意无价

创意思维价值无限。当今时代，创造性思维方式已成为世人公认的瑰宝，谁掌握或者拥有它，谁就可能创造出意想不到的价值或奇迹。在此我们要分析两个西方家长重视把创意意识传承给子女的事例。

（一）告诉孩子应当生产什么

第二次世界大战期间，美国有家规模不大的缝纫机工厂。当时国家由于战争影响，除了军火生意，其他行业都很萧条，缝纫机厂也不例外。厂长杰克告诉儿子，厂子需要改行来应对市场。儿子问父亲，需要改成哪一行？父亲回答："咱们改成生产小轮椅，专供残疾人使用。"听了父亲的话，儿子觉得困惑，可他仍然按照父亲的想法去积极筹划。经过数月的设备改造，原来的厂子终于转型为生产小轮椅工厂。那时，二战刚刚结束，不少战士和平民在战争中受伤致残，纷纷购买小轮椅。刚转型的工厂产品供不应求，不仅畅销国内，还远销国外市场。

随着厂子生产规模的日益扩大，儿子在高兴之余，也有一丝担心。他对父亲说："虽然现在生意很红火，但要是有一天市场饱和，那该怎么解决呢？"老杰克立即明白了孩子的心思，胸有成竹地表示："可恶的战争结束了，你说人们都会想些什么呢？""人们已经相当厌恶战争，希望以后没有战争，能够过上美好安定的生活。""嗯，不错，美好生活的前提是有个健康的体魄，身体健康将来一定是人们追求的重要目标。所以，我们要为改行生产健身器材做最充分的准备。"父亲坚定地回答。

于是，父子俩把小轮椅生产线改造成健身器材生产线。最初几年行情不算太好，父亲老杰克也去世了。但是儿子相信父亲的眼光，坚持了下去。多年以后，健身器材市场开始走俏，那家工厂变成了有规模的大公司，产品已经独领风骚。公司还及时根据消费者需求，持续增加产品品种和产量，就这样杰克家族已经跻身于亿万富翁行列。

（二）这些东西的价格是多少

在 1946 年，一对犹太父子到了美国，在休斯敦靠着仅存的一点积蓄做上了铜器生意。有一天，父亲突然问儿子，一磅铜的价格是多少？儿子很诧异，如实回答是45美分。父亲却一脸严肃地说："整个得克萨斯州的人都知道每磅铜价格是45美分，可是作为犹太人，你应该把它看作45美元。你试着把一磅铜做成门把手看看。"孩子听了他的话恍然大悟。

后来，这位犹太青年继承了铜器店，用铜材制作了很多制品，包括瑞士钟表簧片、赤铜鼓和奥运会奖牌等等。他甚至把一磅铜卖到3500美元。实际上，让他声名鹊起的是一堆人人唯恐避之不及的废铜烂铁。

那时，美国政府要对自由女神塑像翻新，为了清理被换掉的废料，公开向社会招标。可数个月过去，依旧无人投标。正在法国旅行的犹太青年得知消息后，当即飞去纽约。在观察过自由女神像下堆积如山的铜块、木料及螺丝后，他几乎未提任何条件就在招标书上签了字。纽约的不少运输公司对其愚蠢的举动暗自发笑。

由于纽约市对于垃圾处理设有严格的规定，其中一个指标不合格，就有可能遭环保组织起诉。当商界一些聪明人在等着看他笑话的时候，犹太青年已经开始组织工人对现场废料分类处理了。他要工人将废铜铸成小自由女神像，水泥块被加工成底座，又将废铝、废铅制成具有纽约广场图案的钥匙扣……仅仅3个月时间，他让这堆废料化成了450万美元的现金，其中每磅铜的价格整整翻到了1万倍。

第四节　西方国家家风家教的借鉴

一、如何看待中西方家风的差异

（一）中国古代家风的特点

1. 从封建伦理的维度思考

家风用较通俗的解释是一个家庭/家族赖以生存和延续的文化风气。其表现形式是家庭/家族成员的处世态度、精神风貌和言谈举止等内外在的表现。除了这些精神传承以外，还存在实物的历史传承，比如家规、家训、家诫、家礼和家书等。在五千年的中华文明中，两千多年封建文化占有重要地位，只有在这两千多年的时间里，中国文化才形成了较为完整的体系。

如前所述，我们把古代的佛山家风抽象归结为“仁、义、礼、智、信、孝”六大部分，可以看出明显地带有封建伦理的色彩。反之要是不从封建伦理的视角来分析和梳理佛山地区的现有史料，其他视角和切入点很难找寻。还有一点需要注意的是，凡是能够传承下去的家风，在封建朝代里，是那些官宦人家、文化人家及商贾人家，没有文化的农户和其他劳动人民，即使在某一代形成了良好的家风也很难传承下去，因为形不成传承的物质载体，如家书、家训和家规等。家风的世代延续需要基本的传承要件，即家庭/家族成员要有较好的文化水平，文盲或半文盲成员既难以传承又无法接续，这是不言自明的道理。

2. 家风的重点反映对象

从佛山古代文献中搜集的人物史料可以看出，良好家风的受益方是多方面的，忠于君王、报效国家、关爱百姓、亲近家庭、惠及邻里等，涉及方方面面，但是得益最多的应当是前三项：君王、国家和百姓。我们需要从当时的历史条件去认识和分析问题，不可能用现代的理念去要求古代的人们。那时，君王要高于国家，忠于君王是维护法制的表现，反之就是“礼崩乐坏”。古代家风的实质反映了人们的价值观，而忠于君王、报效国家和关爱百姓则是价值观中的核心意识。

（二）中国近现代家风的特点

1. 封建伦理主导，开始有了西方思潮的影响

在佛山地区，“仁、义、礼、智、信、孝”为主导的传统家风，延续

了很长时间。到了近现代，出现了对传统家风有继承有扬弃的态势。尤其是在近代，家风仍以封建伦理为主导，对封建伦理中的优秀部分有着明显的继承痕迹，但是忠君意识被逐渐排斥。家国情怀依然被继承，可是在国家概念中君王被淡化或剔除了。这种变化的根源来自西方思潮的侵入和影响，西方国家的人权、民主、公平和自由意识，加速了本来已经摇摇欲坠的中国皇权的崩塌。除了传统家风中忠实和臣服于皇权外，其他已不合时宜的封建伦理糟粕也被挑战和质疑，例如“三纲五常”中的父为子纲、夫为妻纲等逐步弱化和边缘化。

2. 家风的折射点反映在对待国家、职业和他人的态度上

家风的折射点开始反映出“多元化”的特点。爱国依然是家风内容中最重要的概念，爱国的含义除了传统的热爱中华民族之外，还开始与对待执政党的态度联系起来。爱国和尊重、服从执政党是一种有机统一的关系。在佛山文献中由古代的“智”发展到了近现代的“尚学”。古代的“智”指的是学习中国的传统文化和知识，而近现代的“尚学”，除保持了“智”的部分，还增加了学习现代科学技术，这些现代科学技术多数来自世界其他先进国家。尚学还有个新含义是，主动走出国门到其他国家去接受教育。家庭/家族成员要想从事好的职业，尚学是十分重要的。

佛山近现代家风还体现在对待家乡亲人和乡邻的态度上，一些成功人士在自己的事业发展之后，不遗余力地帮助亲属和乡亲，给人印象十分深刻。佛山近现代秉承良好家风的人士，对改变佛山及其所属地区的社会、经济和文化环境投入了大量资金和精力，对改善佛山家乡面貌做出了很大的贡献。

（三）西方近现代家风的特点

1. 从资本主义文化思潮的维度思考

西方出现文艺复兴运动以后，严酷的宗教管制逐步松懈，人文主义的教育思想和实践开始对家庭/家族的文化意识和风气产生了日益重要的影响。以往充斥着宗教信仰的经院主义教育体罚与压制子女，以及死记硬背的教学方式，被新生的人文主义关爱生命和尊重孩子的思潮所冲击，家庭教育发生了对孩子行动开放和思维自由的变化。随之而来的家庭/家族的文化意识和风气也逐步与人文主义的文化思想相适应。我们在西方典型家风中加以归纳和提炼出习惯成就命运、有梦才能前行、长者培育感恩、榜样集聚力量和尊重爱好兴趣等内容，其指导理论的源头就是人文主义教育思想及其实践检验。在21世纪西方国家的教育思想和实践中，我们依然可以清晰地看到当年兴盛一时的人文主义思潮的烙印。

2. 家风的折射点反映于成员或家族的表现

从笔者搜集的典籍和资料来看，西方家风是主要体现在王室、政治

家、企业家、将军、法律、教育、宗教和医生等中产阶级以上家庭或者家族。至于贫困家庭即使哪一代形成了较好的家风，也是难以续代传承，其中一个重要的原因就是家长文化水平不够甚至是文盲、半文盲。这种社会现象实际上与我国的情况相同，优良家风的传承，家庭成员的文化水平是基础条件。

西方家风的折射点主要反映于家庭成员个体或者家庭/家族的表现。检验西方家庭或家族的良好风气，主要看家庭成员的个人成功率或者家族的影响力与实力。在“家风塑造未来”这部分，我们以传承200年的爱德华兹家族为例，在1394名家族成员中，人才辈出、群星璀璨，令人羡慕。他们传递了坚定的信仰：向善与珍爱，还有敬畏之心。在美国还有政治领袖之家的布什家族、洛克菲勒石油财富家族以及福特机动车家族等等，这些家族多年传承的家风，叫人钦佩。

除了家族的影响力和实力以外，家庭/家族成员个人的成功率也是西方良好家风有效传承的重要标志。比如美国上任总统奥巴马成为首届黑人总统，并取得连任的成就；除了自己的努力，奥巴马的白人母亲的表率作用和成功家风的传递功不可没。奥巴马的母亲S. 安·邓纳姆一生坎坷，但从不落俗套，从1973年开始独自养育两个不同种族、不同父亲的孩子。对于两个孩子一直是言传身教，用心良苦。特别是通过自己的言行强调教育的真谛。奥巴马凌晨5点就起来学习，母亲用打字机把他的家庭作业打出来批改。为了儿子的学业，也为了自己的学业，在奥巴马13岁时，邓纳姆把他留给自己的父母照顾，自己重返印尼为博士论文做实地考察。这个母亲一直是志存高远，怀有梦想。1985年元旦在给自己列出的12个新年目标当中，“完成博士论文”排在第一位，当时她已40多岁了。

这个母亲坚信儿子：“在这个世界上想干什么就能干什么，哪怕是当美国总统。”事情真让她说对了，在这位奇女子的培养下，儿子奥巴马创造了前所未有的政坛奇迹。

（四）中西方家风的差异

通过如上事例分析，我们可以看出中西方家风具有明显的差异，首先是家风的作用和表现形式不尽相同，再有是理念源头差异较大，以及家风的折射点相差甚远。对于家风的作用和表现形式前面已经详细叙述，这里不再重复了。现侧重剖析理论依据和折射点的差异。

1. 理论依据相差迥异

中华民族传统家风的理论源头是封建主义文化的伦理观，例如天子、大臣和庶民地位不平等，老百姓必须敬畏权势，严格遵守“三纲五常”等等。社会以人治为主，追求和谐。要求培养“仁、义、礼、智、信、孝”

的守法百姓，在经历了两千多年的封建主义统治和一百多年的帝国主义、封建主义和官僚资本主义的半殖民地半封建的统治后，留下来的家风物质表现形式——家书、家训和家规等，是精华和糟粕并存。我们既要发扬和继承其中的精华和家风传统美德，又要注意剔除其消极部分。在21世纪的今天，在传承和弘扬中华民族优秀的传统家风的基础上，更要重视在家风传播中的社会主义核心价值观的培育和践行。

西方传统家风的理论源头是文艺复兴后的人文主义思想，例如实现个人价值、独立思考、具有追求幸福和财富的权利。这些意识反映到家庭，就形成了儿童中心说、自然教育、教育要与劳动相结合等子女教育的新思想。到了19世纪初，英国著名教育家赫伯特·斯宾塞的儿童“生活准备说”，具有了广泛的影响。后来，进步主义教育的奠基人美国约翰·杜威的“教育即生活，教育即生长，教育即经验”的理念，产生了世界性的影响。杜威的教育观点也明显地影响了中国教育界，当时的胡适、张伯苓、陶行知和蒋梦麟等都是杜威的学生，对其学说相当崇拜。

2. 家风的主要折射点不同

我们回顾一下前面所讨论的我国古代和近现代家风的特点，一个共同的落脚点是挥之不去的家国情怀。中国传统社会中的个人，不存在独立地位，是附属于家庭和国家的。个人是家庭中的一员也是国家的臣民。家国情怀的来源是中国传统社会的结构特点，这个特点是家庭与国家是“共同构筑”的，是家庭和国家的“一体化”。国家就是放大了的家庭或者家族。爱家必须爱国，爱国胜于爱家。皮之不存，毛将焉附？因此无论是中华民族的传统家风，还是眼下提倡的现代家风，都需要把热爱祖国放在第一位。

大家再思考一下西方近现代家风的特点，家庭成员或家族的持续表现最受关注。西方的个体，从古希腊城邦社会起，就被称为“公民”，也是奴隶主阶级民主政治的基础。因此古希腊著名学者亚里士多德指出：“城邦的本质就是许多分子的集合。”这些组成城邦的公民，不论他们的出身、地位和职务有多么不同，从某种意义上讲都是“同类人”。（当时的奴隶除外，后来出现了解放奴隶的运动）民主政治和法制思维在西方近两千年的社会中有着深刻的历史渊源。由于历史的原因，西方家风主要关注的是家庭成员成长和家族的发达与延续。

二、如何看待中西方家教的差异

1. 家庭教育目的差异

我们首先要提出来的是家庭教育的目的，究竟是什么？

在中国，父母们多数带着传统思维，认为子女读书好坏是与父母的面子相联系的。父母的面子实质上反映了“光耀门第”“光宗耀祖”的思想。如果说“光耀门第”“光宗耀祖”是家族利益，那么儿女的个人利益需要服从家族利益。因此中国家庭教育目的主要是“维系家族繁荣”，当儿女读书不好时家长会感觉对不起家族。因此才会出现父母直接干涉子女专业和学校选取等情况。有些孩子的家长会不同意笔者的看法，认为他们主要是为孩子好，为了让他们能过上体面的生活，这才是我们家教的目的。笔者要表示的是，即使有些家长教育是直接为儿女，但是如果犯了“强制”的过失，家长无权自主设计子女的前程，这个权利是属于儿女自己的，家长只能提建议。

西方家庭教育是以子女个体为本位，尊重个人的自由与权利。家庭教育的目的是协助儿女成长为他们希望成为的那种人。西方家庭教育的传统与他们的家庭思维变革有着密切的关系，家庭思维历经了 14 至 16 世纪的文艺复兴运动、18 世纪的法国资产阶级思想启蒙运动，还有 20 世纪的实用主义等思潮，才逐步演化和确认下来。在子女教育方面表现为把受教育者放在为主的地位，着重强调的是个性的培养与发展。卢梭倡导自然与自由的教育，杜威提出教育即生长，教育即生活，个人是掌握自身经验构建的主体。这里需要明确的是个体为本与个人主义概念不同，也不是家庭教育以孩子为王。家庭教育是要培养具有丰富个性的个人，是可以自我控制、自我管理和自我超越的当代社会的新人，他拥有健全的个性与完美的人格，而不是依赖性强、自私自利的功利化个人。

2. 家庭成员地位的差异

在中国的绝大多数家庭中，尽管并不直接明确，但家庭成员们心里都明白，原则大事主要是“一家之主”说了算。这个一家之主多数是父亲，当然少数家庭是母亲，在农村也有极少数是长辈（比如爷爷）来做主。一家之主（家主）代表了家庭的权威性，家庭的其他成员必须对家主尊重与服从。至于子女，在家庭中地位最低，尽管好的东西可给你用，好的食品可给你吃，但儿女们凡事要听从大人的，家主的话更是算数。在家庭中教育者主要是父母亲，子女是“受教育者”。孩子是父母的私有财产和附属品，父母按照他们自己的意愿来塑造儿女成为什么样的人。而子女们处于被动地位，不可以自行决定个人的未来以及个性的构建。由于和父母的地位不平等，子女与父母无法相互影响、相互作用。儿女和父母之间不存在互动关系，只有父母对子女的“单向命令和传达”。

在大多数西方家庭中，父母是儿女的朋友，而不是他们的“上帝”。当孩子“直呼”父母的名字时，父母也不会生气。他们把孩子看作平等的家庭成员，尊重其尊严与人格，允许其独立思考和自由选择。家长们清楚地知道自己的责任是在于发现和引导其潜能和特长。尊重儿女的自身权益，不搞强迫方式，主张他们的自然进步和天性发展。西方的父母大多相对比较明智，尽力为儿女们创造对发展有利的外部环境，重视教育双方的互动性，十分在意成年人和孩子之间的思想感情交流。

3. 家庭教育内容的差异

中国家庭教育内容有个演化的过程。在古代教育内容中，重视生命和人伦，家庭培养的是懂事听话、人人喜爱的子女，孩子个体要以符合社会群体要求为取向。父母向子女灌输自我收敛、修身养性、遵守等级观念和讲求含蓄等等。到了近现代，家庭教育内容悄然发生了变化。教育目的转变为适应应试晋级的教育体系以及将来职业选择和发展的需要：致使教育内容从一开始的接受书本知识为主，到近十几年的主要接受书本知识和兼学技术的现状。无论是中国古代还是近现代家庭教育的内容，都是为顺应社会群体要求，以及满足子女升学和职业选择为直接目的的，致使教学内容的“功利性”很强。因此在现代家庭教育的内容中，除了孩子们每周五天繁重的各科作业，周六和周日不仅要完成学校布置的作业还要参加“N多个”兴趣班的学习。N到底是多少？多的可能是五六个，少的也有两三个。说是兴趣，绝大多数是家长的兴趣，很少是儿女的。家庭教育还存在一个比较突出的问题是涉及面相对狭窄，这是由其功利性目标——懂事听话、升学和就业所决定的。

西方家庭教育内容比较宽泛。包括必要的知识系列、生活应用技术以及实际动手能力等。必要的知识系列是指子女成长期中适时需要的若干知识。生活应用技术指的是凡是孩子可以自己完成的需要自己解决，不存在父母包办代替。实际动手能力指的是通过协助父母完成家务，来提高自己的生存能力，同时培养对家庭和其他成员的责任感。另外，持续培养子女的兴趣和创造力是西方家庭教育的一个中心内容。这里的兴趣真正是儿女自己的兴趣，是基于他们自己的天赋和喜好，基本上不存在长辈的强加。父母很是注重儿女的创造性思维，他们充分意识到知识的创造来源于强烈的好奇心。长辈们看重通过引发对大自然的兴趣，借用各种天马行空的童话故事，让孩子们充分发挥宽广的想象空间，以有利于子女今后的知识创造性活动。

4. 家庭教育方法的差异

中国家庭教育方法主要体现于“管”：

（1）在接受知识或技能教育方面非常严厉

因为应试教育体系是家长思维的紧箍咒，子女学习的一切都要服从于学习成绩和考取大学，分是学生的命根，更是孩子父母的命根，父母对儿女的读书成绩要求达到了严苛的程度。由此引发对孩子的家庭作业高度重视，每日看守子女做作业成了家长的生活常态，孩子不做完作业不能出去玩耍，甚至不能就寝。更有甚者，父母代替子女完成作业。

（2）强行限制子女的社交对象、内容和时间

不少家长按照自己的意愿要求儿女和谁交往，不和谁交往，都愿意让自己的孩子和学习好的学生玩耍。在这部分家长的怂恿下，少数读书不行或者顽皮的学生被嫌弃和孤立。对于孩子们闲暇时间干什么和玩什么也是家长说了算，子女休闲与玩耍的意愿被父母的强制所压抑，而父母判定的标准，不是考虑儿女的放松和意愿，是他们自己的好恶或者功利性。至于社交时间的长短更是由父母拍脑袋决定。

（3）在经济花销方面姑息放纵

大多数家长无论是经济条件宽裕还是吃紧，对子女的吃穿用都尽力去满足。即使在古近代，家里有读书人也是花费不菲的，殷实的人家不用说，穷苦人家的学子本来可以赚钱养家，为了考取功名而需要家庭养育。在现代普通家庭，平时消费主要是花在子女的吃穿用上，所占比例是家中成员的大头。不少家长对子女的花费要求毫不限制，现在的孩子从小学开始，就配备手表、手机、MP5、iPad 甚至笔记本电脑等高技术消费品，几乎是成年人配备什么，他们也要求什么，家长还有求必应。至于这些子女的学校教育花费更是令人吃惊，仅举佛山南海区较好的私立小学读书收费为例，年收费 3 万—13 万元不等。

在现代的中国家庭，已经有相当一部分家长开始认识到严管的负面作用，正在采取实际行动来改变，我们已经注意到一部分家庭教育的可喜变化。

西方家庭教育方法主要体现在“悟”：

（1）适应教育不袒护

西方父母多数不会给儿女读书施加太多的压力，认为孩子感兴趣的东西自然会努力去掌握，不感兴趣的强迫也没用，反而将伤害子女的个性。作为社会上的个体，人的爱好、兴趣和才能原本就不相同，小辈适合什么就做什么，允许子女选择自己的道路。家庭教育之所以成功，就在于它让子女在鼓励和尊重中成长。另外父母对孩子的错误和缺点也不放任迁就，更不袒护，而是设法让儿女知错就改。

（2）宁让吃苦不娇惯

西方父母很是注重子女吃苦精神的培养，在欧洲或者美国，不论是儿童还是少年，从小就开始打工，这是一种吃苦精神的磨炼。大多数孩子首

先从分担自家的家务做起，家长为了鼓励，还奖励其零用钱。

（3）家庭殷实不奢华

西方家庭的平均收入要比中国家庭高出很多，但是父母对儿女的花费很是在意，对他们的零用钱给予严格的限制和要求。儿女不论大小都不可以随意向父母提出经济要求，不是家长缺钱，而是儿女要养成自立和自尊的意识，要培养简朴和节约的品德。许多少年儿童是通过为社会服务或者给人打工赚得零用钱，西方青少年也以此为荣，而中国的孩子却有不少认为这样做很丢人，连家长也会感觉脸上无光。根据有关调查，在美国有54%的青少年学生没有零用钱，到读大学时甚至还要打工来贴补一部分学费，这在欧洲也很常见。

现在西方的家教方式也产生了一些消极的东西，比如孩子自我意识过强，个别的还以自我为中心。生活行为比较随便，对于家庭的观念模糊，与父母的关系很是淡薄等等。

三、理性对待西方的经验及教训

（一）中国与西方家风、家教理念差异的缘由

通过如上展开和分析，我们知道中国和西方家风、家教在基本理念上确实存在明显的差异，那么形成差异的原因究竟是什么？通过本书的第一章我们可见一些端倪：双方的理念差异缘起于各自文化的不同。

1. 从中国文化来分析

（1）中国文化起源于臣民家国社会，个人不具有独立的政治和经济地位，而是依附于群体，从小的说是依附于家族，从大的说是依附于地区或者是国家。

（2）初始文化教育制度方面，传统学习内容学的是做人之道，学习目的是为“做官”，要当“人上人”。

（3）在初始文化教育中，知识的主要价值是为“用”，而不为“真”。

2. 从西方文化来分析

（1）西方文化起源于公民城邦社会，个人具有独立的政治和经济地位。

（2）初始文化教育制度方面，学习内容学的是自然科学知识，学习目的是为“生存”而获取生存本领。

（3）在初始文化教育中，知识的主要价值在于“思辨”，通过“思辨”来形成和完善自然科学学科，实际上思辨是求真的一种延伸。

3. 中国和西方国家历史上社会制度进化路径有差异

分别表现在古代、近代和现代。西方是封建社会→资本主义社会。而

中国是封建社会→半殖民地半封建社会→社会主义社会。社会制度的不同也会造成家风家教理念的不同。

（1）西方社会制度下的情况

西方在资本主义社会的条件下，家风只是注重传承，专项研究不是重点。但是由于西方先进国家国民整体文化素质高，国家非常重视学历教育，义务教育的周期长等原因，十分有利于良好家风的保持和传承。即使是国家或社会不着重强调，相当多家庭的家风都是比较理性和易于传承的。

而在家庭教育方面，西方研究的历史时期很长，涌现了很多著名的专家和学者，他们无论在理论研究或实践操作方面均有不俗的建树，并且学者们思维忌惮比较少，呈现了百家争鸣和百花齐放的学术氛围。早在公元前，大哲学家亚里士多德曾经20年追随老师柏拉图，但在他与老师之间产生了学术之争时，亚里士多德说了一句名传千古的话："吾爱吾师，吾更爱真理。"

（2）中国社会制度下的情况

除古代封建社会的情况，中国近现代可以主要分为四个阶段：

在半殖民地半封建社会阶段，中华民族遭受帝国主义、封建主义和官僚资本主义三座大山的压迫，黎民百姓处于水深火热之中，绝大多数中国人连基本的生存条件吃穿都不能保证，受教育的权利更是被剥夺，文盲遍地。家风家教活动只是极少数官员、富人和知识分子家庭/家族的思考。并且这些家风家教是源自于传统的封建主义思想。

在新中国成立后，相当长的时期内，国民素质整体低下的情况没有根本的改变。政府的主要注意力是在恢复和提高经济水平上，而且政治运动接连不断。由于受国家政治气候的影响，家风家教的理论研究和传承不可能成为社会和学界的关注点。

国家改革开放后三十多年，社会和人们的注意力也多数在市场经济和发家致富上，家风家教虽有好转，但重视程度依然不够。

2015年初，习近平总书记指出家风家教的重要性，社会上对家风家教的重视日益提升。从如上的展开和分析可以看出，家风家教的学术研究和实践操作，我们与先进西方国家相比，差距明显存在。另外，千千万万个家庭和家庭成员，在多年来缺失家风家教意识和知识的情况下，形成良好的家风家教发展环境，会有个不短的培育过程。再加上我国主要是农村人口，至今还有5000多万人口没有脱贫，整体国民素质依然和西方发达国家存在明显的差异，这些情况决定了我国在家风家教水平的提升方面任重道远，需要引起国内各方的高度重视。

正是如上原因形成了中国和西方家风、家教理念和情况的差异。

（二）中国与西方家风和家教利弊评析

1. 中国与西方文化“个体人”观念的差异

一个民族或者地区人民的历史，不可能是平白无故产生的，它是由那个民族或者地区人们所存在的自然环境，及其政治、经济、文化等社会环境综合作用的结果。而民族或地区人类历史长河中逐渐进化的社会制度当然也是自然环境和社会环境发展的产物。在不同社会制度下对于“人”的观念是有着很大差异的。

中国传统文化中的“人”，只是一种群体的存在。社会上的人只有通过建立团体与成员、父子、夫妇、兄弟姊妹、朋友和同事等多种社会关系，而与他人形成一个“群体”，才算“成人”。小孩子做不到这些，就算没有“成人”。应对和处理各种社会关系被称为“做人”，应对得好叫“会做人”，反之就是“不会做人”。一个人只有通过“做”才能逐步进化为“成人”，一个群体中的人。

西方传统文化中的“人”指的是一个完美的个人。这种人首先是要“个”，是独特加独立；其次是要“完美”，对于西方的个人主义伦理观而言，完美含义是培养敬业、勇敢、诚信等归属于个人素质的东西。这是西方主流的“个人主义伦理观”的理念，当然在西方世界，其他非主流个人主义伦理观也是存在的，在这里我们将其略去不讨论。在伦理学中作为顶级概念的是“至善”，至善在西方被认为是完美个人的折射，也是完美个人的一种观念化的表现，它基本上不大反映人与团体、人与人之间的相互关系问题。

2. “做人”观念不同催生家风、家教文化区别

在西方，从14世纪开始，进入文艺复兴时代，很多工厂手工业在西方开始出现，并逐步壮大。手工业的发展带来了个人意识与个人价值复兴，人们初步具有了鲜活的灵魂与独立思考的理性力量，要求享有追求自己的幸福与财富的权利。因此，后来的西方文化将人定义为一个个体，明确把人的社会角色和人所具有的“自我”区分开来。例如东软集团首席执行官刘积仁，东软集团首席执行官是他的社会角色，可他还是刘积仁，刘积仁所有的情怀和素质是他自己的个性。

另外，西方文化中，也需要处理个人与群体的关系，也需要团队成员之间的配合与协作，但是这种配合与协作首先是尊重个人的意愿，在充分展现个人才能基础上的合作，不是强加性质的。西方青少年的“做人”含义主要是指展现自己、发挥自己和提高自己。与人配合和协作是为了更好地展现自我的手段。

但在中国传统的文化观念里，人的社会角色和人的自我是不加区分的，是相互混淆的。人在社会生活中常常只注重和关心其社会角色，只能在各种社会关系中界定自己是谁，不再重视或者说是忽略了其“自我”。例如张先生是某企业的总裁，他不但在企业里是总裁，就是在平时娱乐、休闲等企业以外的各种活动中，他都是总裁，无论是企业内外的人员都是照此思维办理，作为其个性的“张先生”几乎是不存在了。

再有“做人”就变成了“处理人际关系”。一个人要是不与他人建立关系，或者处理不好与他人的关系，总是强调个人如何独特，如何自立，那他在群体或者社会中不会被认同，甚至被孤立。

在现代中国，独生子女现象突出，不少孩子在父母的娇惯下成了家庭的“小皇帝”，心理成熟度明显低于生理成熟度，自私心理较重。还有更严重的问题是，他们的这种情况不可避免地会影响其下一代的综合素质。

3. 两种家风、家教理念与做法的互补、借鉴与融合

首先，我们要回答一个较严肃而沉重的问题，中国和西方家风、家教哪一方优势相对多一些？

经过对比性研究和深入思考，笔者的观点是，总体上说中西方各有优势。但在当今21世纪全球一体化的参照物下，我们的优势偏弱，思维趋于保守，需要进一步开放。

西方的文化较开放，在家风、家教的理念方面更现代化一点，提倡个人奋斗要更多些。一个明显的例子是如今中国的家庭比以前富裕了，子女去西方国家留学的条件具备，出国留学有很强的吸引力。到国外旅游观光体验文化，也是屡见不鲜。

中国文化有5000年积淀的历史了，家风、家教都根植于我们的传统文化，它一直在强调个人、家庭和国家的有机统一，提倡国人要有一份家国情怀。

还有就是，通过改革开放三十多年，国家的经济确有非常大的改观，已经成为世界第二大经济体；但是文化、教育包括家风家教等软实力进步的步幅不大，滞后于经济、技术的发展。习近平总书记2015年初提出要重视家庭建设，注重家庭、注重家教、注重家风，是对党和政府以及全国人民的号召和鞭策。

在某些方面，中国也有自己的优势，西方也有其劣势。

比如在家风方面，中国的孩子家庭观念比较重，孝敬和爱戴父母，比较尊敬其他家庭成员。尽管长大在外工作甚至有了自己的小家庭，也和父母保持着密切的联系，有的还终生保持着经济关系。父母对子女是非常无私的，大多数家庭都是孩子只要愿意读书，会倾全家的经济财力供读。还

有一些父母为了子女的前程，不惜舍弃自己的职业，专心照顾孩子读书，或者学得一技之长。

西方的孩子家庭观念相对淡薄，从小许多事情都是自己做主，对家庭和父母的依赖感比较弱。上大学后零用钱甚至一部分学费都要自己解决，与家庭和父母属于脱离状态，回家看望父母也是礼节上的。长大后，在职业或生活上遇到困难倾向于自行处理，很少有人还会找家庭或者父母，担心会被亲属看不起。

西方父母的观点是尽早让子女独立，家庭对孩子只负担法律上应当负担的。子女长大了，确实是资金有困难，父母又有余力，可以借钱给子女，但不是无偿给予。至于父母为培养子女放弃自己的职业及爱好，那是极少数人，多数家长会感到不理解。

在中国家教方面，中国的家庭比较重视子女将来人生的成功，无论是家庭教育还是父母的期望都是这样，相对而言功利性强一些。笔者认为这没什么不好。天下哪有父母不期望自己子女人生成功和过着体面的生活呢？另外我们也清楚，在近代中华民族由于种种原因是落后了，需要尽快赶上西方先进国家。怎么才能尽快赶上？就需要每个中国人、每个家庭努力追求有质量的成功，众多中国人和家庭的成功则会促成整个中华民族的梦想加速实现——总体赶上并超过西方先进国家。

在西方家教方面，西方家庭听任子女自行设计人生道路，只要孩子感觉好即可。父母觉得这样是天经地义的，也符合国家法律及个人人权。子女们当然愿意自行做主人生。但这样做对国家这个“大群体”的发展不一定有利，因为个人只考虑自己的职业或人生道路的好恶，与国家或民族的整体发展联系弱化，因此我们看出近些年西方先进国家发展势头相对缓慢，与家庭教育培养目标多少也有些联系吧！

还有，中国的家庭教育比较强调家国情怀，强调报效国家，强调个人服从群体，因此中国孩子从小就相对听话和服从，这样的孩子相对而言比较好领导，易于管制。从国家层面而言，中国的机构和群众组织纪律性都很强，国家或地方政府容易集中力量办理大事，比如2008年全国支持四川汶川大地震的抗震救灾，以及举全国之力协助北京市办好奥林匹克夏季运动会等等。

最后就是中国的孩子容易管教，在学习现有的知识和技能方面显得擅长。他们大多肯下苦功夫记背，比较善于参加记忆性知识的考试。

对于西方家庭教育来说，他们的宽松教育有利于子女的思考与创新，家庭也努力营造一个益于培养孩子创造力的氛围与环境。鼓励子女们在生活中提出不同的见解，并对其中的疑问展开积极的探索。就是父母断定子女的某些行为不会具有积极的意义，他们也不过分干涉，而是允许子女在其探求中逐步认识自己的问题，自行决定纠偏。

这些做法有利于培养创造性思考的青少年，因此西方的青少年独立性很强，不惧怕权威，敢于质疑家长或者老师；因此创新、创业和在人生道路上敢于探索、冒险，敢想敢干是西方家庭教育的明显优势。

中西方家风、家教理念和做法理应互补、借鉴和融合。中国和西方家风、家庭教育理念各有优势、各有侧重，双方应当并且完全可以相互补充、相互借鉴和相互融合。近年，在国内曾出现了一起中英教学方式的大辩论，是很能说明问题的。中国和英国两家著名中学，运用各自拿手的教学方法，在英国展开了一场“刺刀见红”的 PK，最后的评价是，中英双方中学教育各有优势与不足。

第五章

促进佛山家风家教建设的建言献策

第一节　佛山地区文化建设的建言献策

一、通过家风家教促进社会主义道德建设

2001 年 9 月，中共中央印发了《公民道德建设实施纲要》的通知，要求各地区、各部门认真组织实施。纲要中指出，社会主义道德建设的目的是要加强人们的道德修养，有效引导人们的思想，规范人们的行为。

在中国传统教育思想中，也有重视德育的论述。孔子说过，“仁者安仁，知者利仁”，“未知，焉得仁?”没有智慧、没有知识，怎么能得到仁德呢?德非常重要，但知识也不能忽视，这是辩证统一的。

佛山市委、市政府可以通过充分发挥城市社区和乡村组织的作用，来主动推进家风和家教建设。因为城市社区和农村是政府的最基层组织，直接面对每个家庭，最了解城乡住户和家庭成员情况。

通过社区和农村介入家庭教育，促使每个家庭和家长从子女懂事时起，开展循序渐进的道德启蒙。可以用坊间生动鲜活的具体事例来引导孩子们辨别是非和善恶。

倡导通过家庭成员言行举止，相互制约、相互借鉴和相互影响，共同提高，形成良好独特的家风。

还要通过推进良好的家风家教来培育家庭美德。家庭美德包含家庭和睦、成员互爱、邻里团结、勤俭持家、男女平等、尊老爱幼、长幼亲情等主要内容。

总之，需要通过培育每个家庭和家庭成员良好的家风家教，来大力促进社会主义道德建设。千千万万个家庭的家风和家教是推行社会主义道德建设的重要抓手和落脚点。

可以把家风家教促进社会主义道德建设列入城市社区和农村的工作考核范围，建立相应考核标准。并定期开展家风家教的相关竞赛活动，以促进其常年开展和推行。

二、继承和弘扬佛山优秀的传统教育文化

与家风家教直接相关的是，佛山的状元文化、工匠精神以及走出去、引进来的教育文化。

（一）状元文化

本书的理解，佛山的状元文化主要体现在两点上，一是形成了尚学崇文的社会风气，二是体现于青少年刻苦上进追求人生成功。佛山市委、市政府可以指导城市社区和农村的乡村组织鼓励和协助，众多家庭通过家世、家谱来寻根问祖，找到家族中尚学崇文、刻苦攻读的先人样板，督促和教育家庭/家族的子女知晓、崇敬和学习。据考察，在近代以前，佛山考取举人以上功名的有4500人之多，通过寻根问祖可以带动成千上万户家庭的子女学习先祖，这会产生社会的连锁性效应，强化佛山的教育文化基因。

中华民族独创的科举制度，延续了1300年之久。尽管它有不少缺欠，但创造性地开辟了布衣选仕的直接通道。英国等西方先进国家至今还对中国古代的科举制度有所称道。考状元从某种意义上讲，代表的是一种追求，一种奋发向上的精神。

在佛山除了明朝状元伦文叙家族家喻户晓的奇闻轶事，其实还有些鲜为人知的“状元家庭/家族”值得发掘和宣扬。例如在南海大圃的开村，出现过宋代朝廷大员叶颙。叶氏家族是一门八进士，开广东书香世家的先河。叶颙少年勤奋好学，25岁考中进士后，任南海县主簿兼任县摄政尉，官至当朝宰相，也是南宋著名的清官。他有七个儿子，长子元章22岁考中进士，先任翰林，升迁翰林孔目；次子元实，诰封司农使；三子元成，嘉定年间任广东转运使；四子元荣，才华出众，是宋高宗的驸马、南城府尹事；五子元明，吏部主政；六子元洙，武进士，任兵部郎中；七子元泗，文武双料进士，出任江西省吉州司训。这也是颜峰的“一父七子八进士”的由来。后世又加上四子元荣第九世之裔孙、明朝翰林院学士叶炳华，因此还有了“一门九进士”的说法。因此，我们说叶颙家族开了佛山书香世家的先河，毫不为过。在佛山状元文化的历史上，叶颙家族可以说是“浓墨重彩”的一笔，应当并且值得我们大肆宣扬。

叶颙家族只是一个没有充分挖掘的状元精神的缩影，如果在佛山市各区、各街道、各社区和各村落认真排查和寻找，一定会发现更多的遗漏对象，因为据历史记载，在过去佛山共出现过7位状元、文武进士近900人，他们的后人应当有关于先人的记载，如果我们现在还不开展抢救般的寻觅和整理，再经过一两代的随意散落，那些民间先贤的荣光可真就失传了。

我们还可以通过弘扬传统的状元文化，来促进定期开展寻找现代各行各业的“状元郎”活动。可以使古代入仕为官的状元郎的楷模，转化为现今各行各业的卓越精英。这些现代的“状元郎”就是家庭教育中孩子们的偶像和楷模，他们可以通过现身说法来启迪和教育晚辈健康成长。

（二）工匠精神

在2016年初的政府工作报告中，李克强总理首次提出要发扬工匠精神。中华人民共和国成立以来，尤其是改革开放30多年来，人才的概念大约指的是各界的精英，涵盖政府高官、企业家、科学家以及各类专家等等，唯独不包括技术工人和一线的操作人员。这次从国家级层面提出工匠精神，其目的是要批量培养高水平的一线操作人员。这些高级工匠与各行各业的精英一样，是实现中国2025智能制造的重要人力基础之一。因此我们可以说大力号召培养批量的工匠人才、积极提倡工匠精神，是我国整体人才政策的深化和扩展。

什么是工匠精神？新华社评论说："工匠精神，是生产、设计者在技艺和流程上精益求精，追求完美和极致，以质量和品质赢得行业领先和消费者信赖的精神。工匠精神体现了一种踏实专注的气质，在如切如磋、如琢如磨的钻劲背后，是针对产品和口碑的敬畏之心。"工匠精神是中国制造要补的精神之钙。

如今，佛山是制造业大市，2015年实现规模以上工业总产值19774.93亿元。有17万家工业制造企业和大约300万产业工人。佛山已经踏上打造"中国制造业一线城市"的征途，提出了"中国制造2025"佛山行动计划，目的是要着力推动制造业转型，再造佛山制造业发展的新优势。佛山原本是中国制造业最发达的地区之一，通过创新经营，致力让佛山制造成为世界优质产品的标志；走向全世界，绝对缺少不了工匠意识和工匠精神。实际上针对佛山而言，从历史的角度观察，无论是各行各业的高级工匠，还是源远流长的工匠精神传统，都是佛山地方传统的长项。

工匠精神，再大气一点的说法是"大国工匠精神"，在我们佛山地区如何培育？笔者认为主要是通过三个途径来培育：

1. 中高职包括本科学校批量培养一线技术人才的"幼苗"

据统计，我国制造业高级技工十分短缺，现有7000万产业工人中，仅三分之一是技术工人，在技术工人中高级技工只占5%。相比之下，德国的高级技工比例为35%—40%，中德相差极为悬殊。而佛山的300万产业工人中，有多少是技术工人和高级技工呢？即使是比全国的平均水平高，但一定是与德国相差甚远。

要实施"中国制造2025"佛山行动计划，必须依靠制造企业中的批量一线技术人员。首先需要职业技术本专科学校和中职学校来做好"幼苗"培养，要有相当数量的青少年立志或者心甘情愿地成为优秀的一线技术人员。这就要求社会家庭父母人才观念的转化，在孩子们人生第一阶段教育——家庭教育中，播下"心灵手巧"的种子，抚育好大国工匠的"胚胎”。父母们需要认识到“望子成龙”，督促孩子们成才；各行各业的精英人物是人才，同时奋战在生产、技术或服务岗位一线的成熟工匠也是人才。党和政府要推动社会价值观变革，提倡、尊重和培育一线技工的政策需要配套与跟进，调整社会分配导向，使其有利于高级技工成长，形成重视、产生大国工匠的良好社会环境。在此种有利的态势下，相当数量的高中生及初中生才会自觉自愿地进入各层次职业院校学习，经过学校对口适用的课程体系和顶岗实践，成为生产和技术前端技术人员的后备力量。

2. 企业技术精英的传帮带，锻造出批量合格的“工匠”

我们认为，一名合格的企业工匠应当是学校＋企业联合培养才能“毕业”。学校是苗圃，将学生哺育成工匠的“幼苗”；企业是“大地”，需要把“幼苗”浇灌为成熟的“植物”。全国人大代表、广东昭信集团董事长梁凤仪认为，工匠精神更是一种技术精英的传帮带精神，这种判断很有道理。应用技术学校刚毕业的学生，只能算是企业成熟工匠的幼苗，进入公司以后，除了企业文化、企业规制的灌输和掌握以外，最好要由德高望重、经验丰富的“老师父”调教和熏陶，老师父率先垂范和身先士卒最能感染和影响后来的年轻人。这种技术精英的“传帮带”，对于批量培养合格的青年工匠十分有益。

3. 培育企业家和非一线技术人员的工匠精神

通过如上的论证，笔者得出了两种结论：

一是培育工匠精神，需要落地。即工匠精神需要在批量的一线技工身上体现，因此培养合格的、成批次的前端技术人员是落实工匠精神的基础。

二是我们梳理出了一条培养一线技工的成长路径。是要经过三个培育阶段：家庭教育是胚胎培养阶段，应用技术学校教育是幼苗培养阶段，企事业单位的师父带徒弟教育是工匠成熟阶段。三个阶段相互衔接、相互补充，不可或缺。

我们还要注意到一种情况，在一个企事业单位成熟的一线技工是重要的，但是他们不能包打天下，需要其他组成人员的合作与配合。毋庸讳言，工厂的企业家或者事业单位的带头人，某种意义上讲，决定着该组织的精神和文化，因此组织的引路人或者说领导班子的思维指向十分重要。在企事业单位中还有一些二线或三线的研发或者技术辅助人员，作为一线技术人员的支撑体系。

对于企业家、单位领头人以及非一线技术人员同样需要持续地培养其工匠精神。佛山大力推进制造业转型升级，从“佛山制造”转化为“佛山智造”，明显的标志是佛山的产品精美细致精益求精。企业或事业单位是一个整体，没有企业家和二线辅助人员的支持和配合，只依靠一线技术工人是不可能生产出完美极致产品的。因此，企事业单位的每一名成员都必须具有强烈的工匠精神。

（三）走出去和引进来的教育文化意识

从清朝开始，佛山学子就开海外求学的先河，“中国铁路之父”詹天佑、科学院士关肇直、工程院士岑可法、科学院外籍院士萧荫堂为佛山学子做出了良好的榜样，他们的海外求学，明显带动了祖国相关领域和学科的快速提升和进步。在今天，佛山近代“海外求学”的思维应当深化和扩展，形成“走出去和引进来并行”的教育战略新思维。

在国家改革开放之初，因为国内百废待兴，经济和生活条件都不尽如人意，在出国留学人员中，相当多的人滞留海外或申请外籍身份。但是近些年来情况有了很大改变，教育部于2016年3月26日发布的《中国留学回国就业蓝皮书2015》显示，到2015年底，中国累计出国留学人数已经达到404.21万人，年均增长率为19.06%；累计回国人数达到221.86万人，年均增长率22.46%。教育部相关人士表示，根据最近几年的数据，每年回国人数与出国人数的比例为70%至80%，即绝大多数留学人员学成后选择回国就业。教育部公布的数据也显示，有79.87%的学成留学人员选择回国发展。从这些数据我们可以看出，经过几十年的艰苦博弈，国家终于迎来了留学生学成归国的良性循环时期。因此，佛山地区应当增强自信，继续鼓励青少年海外留学，更鼓励他们学成回报国家和家庭。

支持其他走出去的教育文化行动。除了正常的大中学生海外留学以外，更应当鼓励高等学校、中等技术学校甚至普通中学，与国外同类学校联合办学，比如大学的“3+1”学制，即国内三学年、国外一学年，大专或高中的“2+1”学制，即国内两学年、国外一学年。这样在国内的学习，除了专业知识以外，可以强化思想政治教育、道德品质教育和中华民族的传统文化教育；在国外的学习，可以了解和学习所在国的文化和传统，可以学到现代的教育、文化和科技知识，学好所在国的语言，成为中国文化和经济走向世界的后备人才。

对于大中学生而言，还有一种利用寒暑假或专门的“实践小学期”，由学校统一组织的国外游学活动，这就像我国古代一些学术或技术大家在国内寻师访友、游历名山大川一样。例如2016年三四月份，北京市多所中小学组织学生走出校门，走进社会大课堂，开展游学实践活动。北京市教委发布的《北京市实施教育部〈义务教育课程设置实验方案〉的课程计划（修订）》中提出，要把10%的学时用于实践活动，因此北京不少中小学都在实施和执行中。一些学校将“体验开放和交流”作为学生“人生远足国外课程”的主旨，用以打破国家之间教育、文化和科学之间的篱笆与界限，进行跨国文化的开放与交流，实现国际理解教育。他们遴选的国外课程有“中美文化交流活动”“中韩文化交流活动”以及“中日文化交流活动”等等。笔者认为，北京市中小学的开放、交流做法值得佛山各类学校参考和借鉴。

大力扶持引进来的教育文化行动。佛山除了支持走出去战略外，还可以引进海外优良的教育资源以及高水平的师资。教育资源应当包括学历教育（大、中、小学）和非学历教育（学前教育和技能培训）。尤其是大力支持中外联合办学和合作办学，这样可以兼收并蓄地发挥中外各自的教育优势。

毋庸讳言，近些年来“留学低龄化”趋势在国内日渐明显，越来越多的父母选择把子女送到国外私立中学就读。更有甚者，现在已经有家长将孩子送到海外去读小学。但是在佛山出现了一种有趣的“逆向留学”现象，就是一些华裔学生面孔开始出现在国际学校或者部分学校的国际班上。把孩子送回祖国的华裔家长希望，子女在学习中文的同时，能够了解和传承祖国的传统文化，不要忘记自己的根。其实这种“逆向留学”对在海外扩大佛山的知名度和美誉度都非常有好处，今后佛山应当采取多种政策和措施，进一步增强城市魅力，吸引更多的华裔学生回国求学。

三、重视和发展佛山特有的武术文化

佛山的尚武文化也需要发扬光大。地方党委和政府应当鼓励和协助开设武馆，招收青少年学生继承和发扬佛山特色武功和拳术。也应当鼓励业内人士在国内甚至海外开设武馆授徒传艺，促进和强化佛山的功夫品牌。

佛山的尚武文化从古代起，直到近现代都与家庭/家族的家风家教紧密相连，像罗村的叶问、南海的黄飞鸿和顺德的李小龙等武术大家，都是如此。近些年来佛山市委、市政府越来越认识到“佛山功夫”对于塑造佛山城市形象和文化影响力的独特作用。2016 年 2 月 28 日，佛山市体育局主导的《佛山市武术文化发展三年行动计划（2016—2018 年）》（初稿）完成，开始向社会广泛征求意见和建议。该行动计划提出以武术文化建设为抓手，营造武术文化氛围，整合武术资源，建立武术文化产业环境，擦亮“佛山功夫”名片。

佛山市体育局局长魏启文介绍说，佛山至今有各类拳种 52 个。截至 2015 年 5 月，在佛山武术协会登记在册的武馆有 297 家，未注册的 132 家。“还有 415 家武馆遍布国内各地，源自佛山的海外武馆、社团多达

1730 家，遍及全球 178 个国家和地区。佛山功夫在港澳乃至海内外影响深远，全世界从佛山走出去的或者说佛山生发出来的佛山武术人超过 670 万人。”

2016 年 3 月 24 日，美国青少年访学团一行几十人，去西樵黄飞鸿武术学校观看醒狮表演和武术演出，体验佛山特色文化，见识中华民族真功夫。咏春、醉拳、龙形拳、洪拳、气功和猴拳等多种武术轮番出场，让美国青少年目不暇接，多数人甚至忘记了拍照。牧羊鞭、九节鞭、单枪棍等五花八门的器械表演，令他们拍手叫绝。

17 岁的 Nicholas Tortora 观看表演显得很兴奋，不时对身旁的同学发出赞叹。看完演出后，他说：“今天终于看到真面目了！以前对中国功夫的了解仅限于电影，现在能亲眼见识，觉得很震撼。实在是太酷了！”

佛山武术资源应当说是佛山所具有的独特优势。我们认为一个人、一个单位或者一个地区，要是很强势，可能同时具有两项优势，一是核心优势，一是独特优势。对于核心优势，竞争对手可以复制，也可能具有，还可能比你更强。但是独特优势是属于你自己的，不可复制，难以超越。中华民族是世界武术的源头，佛山是中国著名的武术之乡，武术历史和武术种类具有独特优势，这种文化要素必须充分运用和发扬光大。佛山这个武术的“巨人”一出手就是“世界级”，因此我们举办中欧文化（武术）嘉年华，起点就是世界级水平。这一点是毋庸置疑的。

除了充分运用叶问、黄飞鸿和李小龙等功夫大家的故居和武馆作为弘扬载体和名片以外，还应当做足如下行动：

1. 在佛山所有著名历史武功大师的家乡和故居，充分挖掘和传承习武的家风、家训资料，并争取在其家庭、家族和村落青少年中宣传，争取一些青少年成为继承人。

2. 编辑、整理佛山知名的拳种简化版，例如五步拳，使其易学、易练。在本地区所有大中小学、企事业单位等推行训练，以替代普通的广播体操或工间操。要佛山地区人人能以操练一两种本地拳路为荣。

3. 大中小学的体育课中要有训练佛山功夫的选修课，所有体育教师都要学会一路佛山拳种。

4. 促进武术学校、武馆与街道、社区和村落的沟通合作。武校、武馆可以收费或公益的形式，利用清晨和傍晚进入街道、社区和村落教授市民和乡亲学习佛山功夫。

5. 政府扶持鼓励开办起点高、质量好、有特色的武术学校、武馆。全市开办重点扶持的 6 所武校和 6 所武馆，佛山市和所属 5 个区都要各自开办或扶持重点武校、重点武馆一所。武术学校对青少年招生，列入国民教育计划。武馆主要针对成年人，如果招收青少年作为业务补充，就应当业余时间授课，以不影响在校学生的正常文化学业。

6. 有计划地向国内和国外派出功夫专家，开展定期或不定期的武术文化交流活动，以迅速扩大佛山功夫的品牌效应。

7. 为佛山功夫走向海外、走向世界，做好相关武术专业的外语研究和语言推广工作。需要特别注意，随着我国“一带一路”战略的展开和实施，关于武术专业的国外小语种人才的培养和训练，也应当尽快提上议事日程。

四、借鉴和融合有益、适合的西方文化

无论是出国公干或者国外观光，大家可以亲身以及从各种媒体上观察和感受到西方国家的不少建筑物，一般都不贪大求新，有的城市建筑风格或田园风光保持百年不变。笔者到过的一些美国大学，有的是红砖红瓦，有的是古堡建筑，一两百年都是同一种风格，而绝不追赶风行一时的时髦样式。这种维持本身传统风格的精神，值得我们学习和借鉴。

佛山除了完全新建的区域可以采用最先进、现代的时尚风格外，原有的古文化建筑、古文化街区以及农村的典型古村落，都应当最大限度地予以保留和保护。尤其是与家风、家教相关的知名家宅、宗祠等，应当发挥其教育后人、启发后人的良好作用。

还有就是，为逐步实现中外文化的相互借鉴、学习和融合，必须建立和强化佛山地区的国际化意识和国际化环境。

为外国人在本地居住、就业和子女求学创造基本的条件。应当设立外籍人员社区和公寓，为外籍子女创办学校或在原有学校开设外籍学生班级。

在佛山政务、服务、交通、街道和社区尽早、尽力形成双语环境，便于外籍职业人员、学生、家属和老人工作、学习和生活。

积极提倡佛山的政务、公检法、事业单位、服务业以及教育、医疗、文化等单位人员学习和掌握一门外语。对于政府部门、事业单位和服务业要实施外语职业级别资格考试，并出台物质和精神的鼓励政策。

另外，关于中外人士的沟通和交流一定是双向的，这就要求外国人要具备简单的汉语沟通能力，而佛山人也要具有基本的英语交流能力。但这将是一个持续培养和长期坚持的过程，不是一两年就可以完成的。因此近些年，我们需要在佛山各地尽量多的地点配置“双向翻译器”，就像商场交款使用的电子收款机，或者银行配用的密码输入器。当然如果在个人手

机上能够加装语言翻译软件，就像加装 GPS 导航软件一样，那是最好不过了。因为佛山要想走向国际化，中外人员的语言交流是最基本的条件。

当然，运用移动互联作为中外人士沟通的媒介，是比没有强，但人与人之间的直接对话是最理想的。从长远来说，无论是中国人还是外国人都要相互学习和掌握对方的语言。我们的中小学外语学习要从以考试为目的，转变为以应用交流为目的。考试只是学习语言的手段，应用才是学习外语的目的。

第二节　佛山家风建设的建言献策

一、家风建设与强化社会主义核心价值观相结合

某种意义上讲，家庭风气是一种文化现象。美国学者塞缪尔·亨廷顿与劳伦斯·哈里森在其学术专著《文化的重要作用：价值观如何影响人类》中，认为："文化"一词在不同的学科中和不同的背景下有着多重的含义，常常用来指社会的"高文化"，也指一个社会的全部生活方式，包括价值观、习俗、象征、体制及人际关系等。这说明了社会的文化与人们的价值观密切相连，也间接证明了家风与价值观尤其是与社会主流价值观的紧密关系。

在我们中华优秀传统文化的瑰宝中，有一颗闪亮的明珠，那就是家国情怀——"修身、齐家、治国、平天下"。这里着重强调了个人、家庭和国家的有机统一，从个人到天下，"家"是重要的纽带，通过父母长辈的家风家教，最有助于树立健康和强大的社会主义核心价值观。

良好的家风对于官员、公务员和职场人士而言，不可缺少的是廉洁的基因，这关系到家庭成员的价值取向和职业良知。同时，我们也不能想象家庭中搞歪门邪道甚至贪污腐化的父母或长辈，能够教育出品学兼优的好子女。因此家庭建设必须与培育和践行社会主义核心价值观相结合，要宣扬廉洁家庭的价值理念，在市民个人的小家中形成和完善"讲规矩、扬正气"的健康氛围。家庭成员之间应当相互督促、相互告诫，坚持官场和职场的廉洁自律，坚决与贪污腐败划清界限。

良好的家风还可以通过家庭教育来体现和传承，注意培育子女的价值取向和正能量。2016 年 3 月 31 日下午，狮山中心小学举行了"爱让世界更暖——狮山中心小学第八届红领巾爱心义卖"活动。这次活动筹集善款 3. 1 万多元，将用于救助本地困难学生及家庭。活动是学校组织、学生操刀，但不少家长给予了全程支持。学生们卖的东西是在家长的支持下从各家凑起来的，不少家长亲临现场支持孩子们的行动。居民林慈薇已经连续第四年和女儿一起参加义卖活动了，她说："今天已经卖了 500 多元的东西，其中文具最多。我感觉这样的活动很好，又有趣，又能帮助别人。"学生家长通过这种形式协助子女感受爱心教育，同时潜移默化地塑造了良好的助人为乐家风。

二、传承和发掘佛山地区优秀的传统家风

（一）发掘优秀传统家风，应当关注知名家族的特色祠堂

祠堂是中华民族传统文化特有的形式，实际上它就是家庙，是姓氏宗族纪念祖宗的专用建筑物。祠堂还是一个宗族的精神核心，它用独特的方式来诠释历经朝代的文明。

顺德的祠堂就很有特点，始于宋元，盛于明清，素有“顺德祠堂南海庙”之说。截至目前，顺德区不可移动文物名录中有229座祠堂。据说，自北宋咸平四年（1001年）到清朝末年，顺德全县出过3名文状元、1名武状元，318名文进士、111名武进士，2088名文举人、394名武举人。顺德不仅是佛山地区也是广东省状元数量最多的地区，在广东省科举历史上占有十分显赫的地位。

例如，对于号称顺德“第一祠堂”的黄氏大宗祠等极少数建筑，应给予重点扶持和资助。这个黄氏家族祠堂至今已有300多年的历史了，黄氏家族出了顺德建县后第一位状元郎——黄士俊。这个家族祠堂占地2000平方米，共有三座建筑物，历经重修，保留有各个时期的建筑风格。如今黄氏大宗祠已被办成“状元博物馆”，成为广东省首座以状元文化为主题的博物馆。

以顺德杏坛为例，杏坛有祠堂72座，占到顺德的近1/3。受资金等客观条件所限，杏坛的祠堂15%已拆除，完全闲置或很少使用的占50%以上。建议对于用处不明显的祠堂可以由族人自行处置，以减少政府资助负担。将有限的资金集中，全力扶持类似黄氏大宗祠这样的“潜力股”，在状元博物馆的基础上，继续深度开发其作用和功能，可以举办学童开笔礼、兴趣班、本村大学新生事迹展览、大学新生壮行会等等。总之，不仅让知名祠堂成为宗族的精神家园和光耀门楣的寄托，更重要的是，将其打造为全村、全镇居民和孩子们的耕读文化集散地。

（二）发掘优秀大户家族，为其他家族和社区、村落树立样板

现禅城区内的孔家村，是居住孔子后人数量最多的村落。当你走进孔家村时，就会感受到孔子“修身、齐家、治国、平天下”的遗风，依旧显现在后人身上。罗格孔家是孔子家族繁荣扩张的结果，族人从盐业发家，经商从政人才辈出。罗格孔氏家族多有读书出仕之人，文官武将人才济济，后人在政界、军界、学术文化界均有很大影响力。明清两代，孔家村七品以上的文官就有40多人，将军有3人。

崇文尚学、尊师重道，是孔家族人祖祖辈辈从小就知道的道理。为鼓励村人读书，孔家村曾设立奖学金，对读书有成的族人予以经济奖励。孔氏祠堂前的22对功名旗杆，则是孔氏家族重文兴学的标志。每年的农历二月初三“文昌帝君神诞日”，是村子最热闹的日子。当天孔家村人都会拿着象征聪明的葱、代表勤奋好学的芹菜、寓意学业进步的状元簿，带领孩子三拜文昌，祈求文昌保佑，金榜题名。

现在孔家村内，有祭祖的祠堂，有祈求保佑金榜题名的文昌阁，有藏书万册的岳雪楼图书馆，还将恢复秋潭书院和培堂家塾等文化建筑。

（三）在佛山知名文化场地设立家谱、家规和家书展示室

南海丹灶的向南村，是一座具有悠久文化历史的古村落。它的显著特点是，有六间精美别致的百年私塾藏于其中。穿过丹灶镇南沙社区向南村的牌坊，右拐50米左右，眼前出现了一排岭南风格的青砖瓦房，这曾经是哺育当地家族人才的私塾。私塾总共六间，是典型木质结构建筑，内墙绘着栩栩如生的壁画，时间过去百年，颜色仍然鲜艳。六间私塾的外形设计大体一致，每个私塾门的上方有石牌，分别刻着“南似书室”“西岳书舍”“东明祖祠”等字样。村中老辈李伯讲述，元朝南沙村李姓始祖从新会大门明乡迁来南沙村，以后开枝散叶。元朝后期，南沙村李姓家族人才辈出，在科举考试中频频中举，不少家庭请家塾先生来家教子女读书写字，这里一片崇学风气。

后来有一大户财主为鼓励后代读书，建造了三座私塾分给三个儿子做家产。三个儿子继承父志，以同样的愿望为子孙兴建私塾，还外请先生进塾授课，时至今日已有百年了。但是，现在这些私塾或成了小型作坊，或者作为老年活动中心，再也听不见琅琅的读书声了。

像这样极具家风文化意义的场所，建议在市、区政府的主导下，将其作为丹灶镇家谱、家规、家书展示室，作为幼童、少年学习活动中心，恢复传统的“崇学精神”，以激励后人奋发进取。这些原有知名私塾的功能恢复和延展，对促进佛山地区的家风建设将更有现实意义。话又说回来，小型作坊、老年活动中心迁移到哪里都可以，可丹灶向南村私塾文化“宝地”只有一处。不是吗?

（四）进一步发掘以往的名人纪念馆、故居和古迹中的家风基因

2014年4月7日，募集200多万元，历时两年复原的祖庙庆真楼父母殿与市民们见面了。不少佛山人早早在殿外等待，要一睹复原后父母殿的真容。俸斋、焚香、念经、点朱砂……上午9时，15位来自武当山的长老按照传统道教仪式，在父母殿为北帝父母——明真大帝、善胜皇后神像开

光。参与了父母殿募款的一干信众也跟随跪拜，开光仪式历时一小时。

庆真楼建于清嘉庆元年（1796 年），距今已有 220 年历史。史料记载，修建庆真楼的初衷是为了祭祀北帝父母，“各自为尊，以正伦理”。对于北帝父母殿，好多年纪大的佛山人都淡忘了，中年以下的人们甚至不曾听说。这所昔日佛山的“第一高楼”，实际上是昭示了“孝德”的地位。以最高的建筑祭祀双亲，祖庙博物馆馆藏部研究员黄韵诗指出，这暗示了父母为尊之意：“庆真楼位于北帝所在的紫霄宫之外，并且凌驾其之上，这就说明就算北帝是位尊北极地位高崇的神君，但其父母的位置仍然高于自身。”这也是在告诫当今社会的人们，即使是位居尊贵、人人信奉的神灵，也和凡人一样，希望报答双亲的恩德，敬重自己的父母亲。

目前庆真楼二期复原工程已在筹备中，计划把二楼用作展厅，展出北帝历史和文化，讲述北帝如何受父母之恩的故事。祖庙博物馆负责庆真楼复原工程的工作人员黄韵诗还表示：“现在重修庆真楼，复原北帝父母殿，一方面将增添佛山祖庙的文化厚重感和伦理思想力度，教化民众遵循孝道；另一方面，父母殿复原对孝文化的重视和传扬，集中展现了道家和儒家文化的相互交融。”

祖庙庆真楼父母殿的复原，是佛山传统孝德文化和北帝民间信仰的融合，是在延续佛山人的孝德基因。这也反映了市委、市政府及捐款民众对传统家风的重视，也是个弘扬中华传统家文化的好样本，值得宣扬和肯定。

实际上在佛山还有不少与名人相关的古迹和场所，例如康有为、詹天佑、叶问、黄飞鸿、李小龙等一批古今中外皆知的历史名人故居和职业场所，都可以着力发掘其中的家风、家训基因，我们的各级政府需要发挥引导作用和给予资金支持。

三、通过家风建设来促进城市风气的转变

我们应当注意到一个严峻的现实，佛山地区、广东省乃至中国内地，改革开放 30 多年来，经济上取得了令人瞩目的进展，中国已成为世界第二大经济体，但是在社会道德水准方面，在国民素质尤其是青少年思想教育方面进展不尽如人意，社会风气充斥着金钱的气味，官场、职场腐败现象时有耳闻，家风家教多年冷落一旁。但如果注意充分挖掘，还是会发现，不少美好的家庭风气和家国基因顽强地延续和传承着。这还需要佛山市、区两级党委和政府以及社会有识之士积极开发和宣扬，使其不断壮大，逐步成长为社会主流风气和城市精神。

1. 大力宣传个人的突出事迹

现任香港汉荣书局有限公司董事长石国基的父亲石景宜，祖籍南海西樵。1936 年考入广州勷勤大学，因日寇入侵被迫辍学，经历了躲避战乱颠沛流离的日子。后移民香港经营二手书买卖，经过十年艰苦奋斗成立了汉荣书局。石景宜是打破两岸文化交流阻隔的第一人，曾把650 万册由台湾、香港出版的书送回大陆，遍及全国各地的公共图书馆和大学图书馆。同时还赠送了几十万册大陆出版的图书给台湾的文化机构，促成了双向的文化交流。

石景宜多次为家乡的文化、教育单位捐献大量图书，又为“石景宜刘紫英伉俪文化艺术馆”捐赠了多年珍藏的 1.1 万多幅书画佳作、5 万多册艺术图书，还有佛教珍宝《贝叶经》等。汉荣书局董事长石国基说，在父亲的长期影响熏陶下，他与哥哥继承了父亲赠书促进文化教育发展事业的遗志，近年来又向内地赠送图书 90 多万册，赠书的工作将一直会持续下去。“送书是为了国家的富强，我盼望有一天可以不用再赠书，那就代表国家文化教育真正发展起来了。”

在此我们建议：佛山市、区甚至乡镇都要按年度评选传承好家风的先进个人，包括中国内地和海外乡亲，并予以多种方式的鼓励和宣扬，促使这样的好人日益增多。可以借鉴西方国家设立“名人堂”永留名人痕迹等做法开展多种激励活动。

2. 评选和鼓励具有特色家风的家庭

2016 年 7 月，2015 年广东寻找“最美家庭”系列活动评选结果揭晓，佛山市南海区有三个家庭上榜，分别是钟群珍家庭、袁锦萍家庭和黄瑞尧家庭。

（1）钟群珍家庭的主要事迹是，夫妻俩不离不弃，抚育七个侄子女。

前些年，家住大沥河东社区的钟群珍，她的家公、大伯、三伯、小叔相继离开人世，留下七个无人照顾的孩子。钟群珍夫妻俩还有一个小孩，她和丈夫钟开义面对家庭重大变故，不离不弃，毅然承担起养育八个孩子的重担。有如此多的子女需要养育，可见他们的经济和精神负担之重。可夫妻俩从无怨言，一个大家庭和和美美，融洽相处，令人羡慕。现在，大侄女和大侄子都已大学毕业并各自有了自己的小家，侄子钟坚则是丈夫钟开义生意上的得力助手了。

（2）袁锦萍家庭的主要事迹是，家庭事业双丰收，乐善好施做公益。

有人说，成功人士往往由于事业而忽略了家庭。可袁锦萍女士在追求事业的同时照样注重家庭生活，快乐享受与家人在一起的生活。在职场，她是自强不息、自主创业的企业家，是丈夫的好伙伴；在家里是温柔贤惠的妻子，是尊敬长辈的儿媳，还是慈爱温和的妈妈；在社会上，她是乐善好施的慈善家。这就是广东大福摩托车有限公司副董事长袁锦萍，在多种角色之间，每一个角色都扮演出色，游刃有余。

在事业与家庭双丰收的同时，袁锦萍积极回报社会，关心社会多种公益事业，热心公共福利事业，为家乡建设、支教助学、扶贫敬老等多项活动捐资近百万元。

（3）黄瑞尧家庭的主要事迹是，夫妻俩人搭档，推广太极文化。

2005 年，黄瑞尧为强健身体开始练习太极拳，一学就上了瘾。2013 年 4 月，他在“央视武林大会走进温县陈家沟”太极拳赛中，一起夺得“男子甲组陈式传统太极拳”一等奖和“男子甲级太极单剑”二等奖。

黄瑞尧的妻子陈银芳以前喜欢舞蹈，下班后常常与朋友在广场跳十三步、恰恰舞等。后来在丈夫的影响下也学起了太极拳，逐渐学拳的兴趣超过了跳舞，太极大有长进，还成为丈夫的助教。在夫妇俩的影响下，全家人都练起了太极。后来一家人还把太极拳推广到了社区，深受邻里的欢迎。

以“评优选先”的形式弘扬家庭风气，弘扬正能量，是一种值得推广的好方式，佛山地区应当借鉴。但对于“最美”二字，笔者认为不宜多用和滥用。“最”字一是极限概念，不要轻易说“顶峰”，二是难于准确定义，无法衡量。

我们完全可以比照国际上评选星级酒店的方式，来评选家风的星级家庭。每一颗星代表一种指标，比如敬老、家教、和睦、公益等等。星的材质如金、银、铜、木、土代表等级，星的数量代表综合和全面的程度。

佛山市、区可以选择在某些条件好的街道、社区做试点，效果理想再逐步推开。

社区家风星级评选的结果必须用好用足，起到鼓励个别示范众多的作用。具体做法可以考虑在街道、社区定期评选，在街道、社区、楼栋显著位置标识和公布，在家庭主门上方悬挂星级标识，甚至可以将星级家庭的纪念物在家庭主要成员职场办公地点摆放，提高其荣誉感以及扩大星级家风活动的影响力。

四、将家风建设与古文化村落建设相结合

从 2014 年起，佛山市启动城市升级两年延伸计划，文化升级成为重点工作，首批 13 个古村落活化初见成效。2015 年 10 月，全市开展特色村居文明创建活动，着力打造一批颇具佛山特色的美丽乡村。同年 12 月，首批

“佛山最美乡村”评选结果出炉，南海区里水梦里水乡、禅城区南庄醉美南庄等10个乡村在激烈的角逐中脱颖而出，获评首届“佛山十大最美乡村”。这些活动使社区和村落发生了明显的变化，市民们获得了实实在在的好处。

我们可以在今后类似的活动中，着力发掘其中的家风特色因子，它们散落在未被开发的社区和村落中。佛山各级政府需要有意识地把居民的家风建设与古文化村落建设相结合，可以在村落建设考核中增加家风（家教）的必选项目。优秀的乡村建设不能缺少良好的家风，其实也不可缺少良好的家教。通过积极导向，让传统的家庭风气、家族风气重新焕发出时代的光芒。

重教的村风影响家风。西樵的特色村落上金瓯，自古以来就很重视教育，以松塘为例，从家族的私塾、书舍到普及全村基础教育的社学一应俱全。“家有两斗糠，送儿上学堂”是村里人口口相传的谚语。在当地人心中，家庭经济再困难，也要让孩子上学。2008年，村里在华南理工大学读书的欧然雯遭遇丧父之痛，家庭陷入困境。在重教思想的影响下，母亲钱洁英毅然扛起家庭重担，支持女儿上学。大学毕业后欧然雯考取中国科技大学研究生，如今她正在澳洲攻读博士学位，成为村里孩子们的榜样。

慈善的乡风熏陶居民。文明的成分不能缺少慈善因子，由于有了行善才能让关怀与和谐更为久远。2010年设立的南海凤池社区慈善会，是佛山市首个村级慈善组织，每两年开展一次千人行筹款活动，到2014年已筹得善款近97万元，款项服务对象面向辖区居民，不分本地人员还是外来务工人员。

2012年，凤池社区在慈善会的基础上设立了幸福基金，这一创新措施改变了传统“纯慈善”的运作方式，而以项目资助的形式接受社区各社团、居民甚至包括外来人员服务项目的申请，社区超51%的居民有活动需求时就可以申报基金扶持开展活动。

孝德的风气培育家庭。近些年来，三水芦苞长岐古村强力推进长寿展馆和私塾展馆的建设。长寿展馆通过设置长寿展区、红头巾展区、龙舟展区、粤曲展区、竹编展区等，全景展示村落文化。私塾展馆则通过复原古代私塾场景，精心挑选课桌、讲台等用具，收集古时私塾的教义，力图再现古代私塾课堂的原貌。除了长岐古村，南海狮山联星社区也是远近闻名的孝德村落，具有浓烈的孝德文化氛围，社区内保存着500多年历史的江氏大宗祠和古文物孝德锦帐。他们通过举行状元开笔礼、咏春拳竞赛、孝爱运动会等活动，来盘活文化资源。除了孝德软文化的传扬，联星社区还运用完善“星光之家”活动中心、文化室基础设施，开展家庭讲座、道德讲堂、居民议事厅等活动，营造孝德进家庭、文明进社区的良好气氛。

第三节　佛山家教建设的建言献策

一、大力宣传家庭教育的意义，坚持正确方向

（一）明确家庭教育的重要意义

家庭教育、学校教育和社会教育，是当代一个社会成员一生要经历的三个重要教育阶段。在学校教育之后，社会人还要接受社会教育，在社会教育中，职业教育又是重头戏。

家庭教育是一个社会人人生教育的起点，是人生全部教育的第一阶段，即启蒙阶段。家庭教育包括知识教育、能力教育、素质教育和价值观的教育。家庭教育实质上也暗含着家风或者家族风气的熏陶和影响。良好的家风会使家教更健康，更容易实施。这种教育除了要求率先垂范、言传身教的表率作用外，还具有潜移默化、润物无声的特点。家庭教育是社会人生的最初教育，就像是打造一座建筑物的地基，地基没打好，将来建筑物的质量很难保证。家教对孩子形成的烙印会终生产生作用，形成的优点很难磨灭，产生的不足很难弥补。一个孩子家庭教育的优劣，直接影响到人生第二阶段学校教育的接续和效果，甚至对其成人后接受社会教育尤其是职业教育都会产生显著的影响。中外历史以及现代社会无数事实证明，社会上各行各业的杰出人物和精英人士大多数与良好的家庭教育相关。

由于家庭教育是教育大系统中的重要组成部分，因此其主管部门应当是佛山市、区两级教育局，直接负责部门应当是城市的社区机构和农村的村委会。关工委和妇联可以协助政府教育主管部门开展家教工作，但很难替代其行使教育业务的主要职责。还须特别提出的是，学前的各类培训班、兴趣班，都要由市、区两级教育局统管起来，不能让这些机构和活动成为“管理真空”。

家庭子女教育的直接责任人应当是父母，其他的长辈例如爷爷奶奶/姥爷姥姥只是协助教育者，不能承担家庭教育的主要责任。家庭子女上学后中小学老师或大学辅导员，负担的是学校教育责任，与家庭教育责任无关。在当下社会，不少家长认为子女一上学，尤其是住校生，自己的责任包括家教的责任就转移给学校和老师了。其实这是一种思维错位，孩子上学、子女住校，父母原有的教育责任并没有因孩子不在身边而发生转移，

老师没有义务承担家庭教育的责任，没有权利卸载家长的主体责任。

由父母或其他家庭成员实施的家庭教育，需要注意一个十分严肃的问题，那就是家教要传播正能量、抑制负能量。为人父母尤其是中青年父母，上有老下有小，事业上绝大多数还处于“打拼时期”，远没有达到“功成名就”的阶段。因此父母亲都不时地承受着事业、家庭、资金、精力以及子女的诸多纠结和压力，在此种情况下产生抱怨、牢骚和焦虑并不奇怪。但是，要十分注意不要在子女面前抱怨，带给子女消极负面的情绪。因为孩子毕竟是孩子，他们并不成熟，要多用正能量引导他们；家教需要正能量，家教需要阳光和雨露。

（二）理性对待我国与西方家教方面的差距

纵观中西方家教历史和当今水准，我们应当承认西方从总体上比较先进，我国相对滞后。但就局部而言，我们也有自己的优势部分。为什么要提理性认识我们的差距？因为历史是造成差距的重要原因。首先，中华民族两千多年封建主义盛行的历史时期，封建主义在家庭教育中造成了不少负面的东西，强调小辈的服从、听命，禁锢了开放的意识。其次，进入清朝时期，王朝迅速腐败衰落；尤其是中国进入半殖民地半封建社会后，全国人口的95%是文盲和半文盲。一个大多数人都不识字的国度，如何奢谈家庭教育呢？与此同时，西方先进资本主义国家整体国民的文化和素质持续提高，与我国国民的差距不断扩大，家庭教育的水准差距较大也就不奇怪了。但是我国古代和近代还有少部分官宦家庭和文人家庭，他们世代积累的家庭教育理念和方式也是具有民族特色的，这些都是中华民族家庭教育的传统优势。全部否定中华民族的家教优势或者将其说得一无是处，都是自我贬低、数典忘祖和崇洋媚外的表现。

一个民族尽管有自己的不足，存在着不如人之处，但是我们要有自尊心和自信心。我们正确认识自己的弱项，是实事求是和面对现实的做法，其目的是要弥补不足迎头赶上，而不是甘于落后、望洋兴叹。无数事实已经证明中华民族是勤劳、勇敢和智慧的民族，在历史的长河中，例如在唐代、宋代以及元代我们曾经辉煌过，曾立于世界民族之林的前列，在国家建制、民族和谐、农业、城市建筑等诸多方面令世界其他国家和民族敬仰和学习。1949年建立中华人民共和国时，我们科技和经济十分落后，但经过半个多世纪的艰苦奋斗，中国已恢复到世界第二大经济体的地位，2015年仅我国一个国家对世界经济的贡献率就达到了1/4。在科技方面我们有一部分领域也处于世界前沿。与此同理，在家庭教育方面，只要我们认识到自己的差距，经过不懈的努力，一定会不断缩小与先进西方国家的差距，最终赶上并超过它们。

如上发展态势是基于一种从历史认知的角度，以及理论上的推理和分析；它有一个基本的要件因素需要满足，那就是我国整体国民文化和科技素质的持续提高。因为一个家庭的父母综合素质低下或者是文盲和半文盲，是不可能指望其完成良好家庭教育责任的。

（三）积极吸收佛山家教典籍有益的部分

1. 古代传统家教的有益部分

在文献归纳和整理中，我们依据史料将传统家风家教部分归结为为国、为族、为家、为人、为官和为技六大部分，列举了佛山本土相当鲜活的人物与家庭的事例。

这六大部分的人员和事例都传递出佛山家庭教育传统的价值观，即“修身、齐家、治国、平天下”，把个人、家庭和国家有机地联系起来。家国情怀必须由“家”出发，通过健康良好的家庭教育，最终达到“国家”的高度。具有明确价值观的家庭培养出的子女，就可以为社会、为国家赴汤蹈火，以至贡献生命。我们继承佛山古代传统价值观，“修身、齐家、治国、平天下”，是为了激发出它的时代活力，更好地践行和弘扬“富强、民主、文明、和谐，自由、平等、公正、法治，爱国、敬业、诚信、友善”的社会主义核心价值观。

2. 近现代家教的有益部分

在文献归纳和整理中，我们依据典型人物的事迹特色将近现代部分归结为典型传家、立志报国、身残志坚、倾心建筑、兴趣导向、寒门“秀才”、榜样力量、书香门第和优质教育九大部分，依旧列举了祖籍佛山的鲜活人物与家庭事例。

当我们深入分析和揣摩这些典型人物和事例时，我们发现了近现代佛山家教不同于古代传统家教的一些特点：

其一是良好的家庭教育之后，所接续的学校教育的“拔高”是出国留学。出国留学掌握了先进的知识和技能，回国后大展宏图。

其二是家庭鼓励学习社会实用知识，学习是为“求真”；改变了以前的伦理思维偏好，学习是为了“求善”。

其三是近现代家庭教育培养出来的子女，人生成功后无论离开家乡佛山多远，都更具有家乡情怀，更愿意为乡亲们付出自己的爱心。

（四）学习西方先进家庭教育理念和方法

1. 重视家教、重视父母的表率作用

早在300多年前，瑞士教育家就提出了家庭是教育起点的观念，父母必须尽到家庭教育的责任。家庭教育主要是父母的事，家庭教师和保姆不能替代。西方其他教育家认为，父母在多方面都是子女的榜样。而在我们这里，相当一些家长的误区是，以学校教育替代家庭教育，认为督促学校文化课学习就是家庭教育，还有人认为孩子的教育是学校老师的事，家长支付学校费用即可，至于给孩子做表率方面很少考虑。

2. 鼓励边学习边实践

西方国家的家长在重视文化课学习的同时，很注意培养子女的实战能力。实际上理论知识学习的最终目的是为了应用，如果不能应用，理论知识学习是毫无意义的。美籍华裔画云博士的儿子要在学校成为学生领袖必须经过竞选和演说，如果你不走这样的程序，就是最好的朋友也不会投你的票。在美国学校除了学习成绩以外，无论你是篮球明星、舞蹈明星还是演说明星，都是学生们心目中的英雄。而我们的学生主要是“分数为王”，其他都不太看重。

3. 父母与子女平等相处

美国伟大的教育家斯托夫人提出子女和父母没有高低之分的教育理念。孩子从出生的那一天起，就是个独立、平等的个体，个性和意愿具有自主的权利，子女是自己的主人，父母、老师或其他人没有特权去支配和限制他们。即使是父母都要理解和尊重子女的心理。中国人认为孩子是父母生养的，父母把子女带到这个世界，当然有权利管教他们，也具有代替他们做主的权利。开明一点的父母在儿女经济独立后，即不再强制管教了。还有一些父母依仗对子女的养育之恩，不论子女年龄多大，一辈子都要说了算。笔者看到过这样真实的事例：笔者年轻的时候，父亲的一位老战友五十多岁了，是正处长。她老妈掌管全家的财权，每每花钱都要向她去要。她曾发牢骚说：“愁死了，没办法!”她老妈（我叫她姥姥）一本正经说：“只要我不死，这个家就得咱说了算，不管住他们，他们就要‘反天’。”

4. 自己的梦自己圆

自己的梦自己圆的理念在西方的教育强国中很盛行。笔者亲眼看到过两三岁的孩子与父母出行，都要背负自己的物品。里根担任美国总统时，他大儿子失业，排队在领取失业救济金，也不去找父母张口救济。德国教育家卡尔·威特的儿子，生来就有点智障，可是两岁就帮助家长收拾桌子。现在不少中国家庭的孩子十多岁了，生活还要家长代劳，子女的事情由家长来完成，甚至到了大学也不乏家长来校为子女整理床铺和物品的。

5. 心理成长胜于生理成长

西方家庭的父母很重视子女的心理感受和心理成长，注意与他们的情感交流；时常与孩子讨论问题，极少强迫他们服从。即使打心眼里愿意他们遵从家长的意愿，做得最多的就是引导。美国乔治·马歇尔教授夫妇极度希望儿子马克西姆按照几代人的家族传统进入哈佛大学读书，但当孩子告诉他们不想去的时候，还是遵从了他的意愿。常年在西方生活的华裔家庭也习惯了此种思维方式。至今仍驰骋美国 NBA 篮球场上的“林疯狂”林书豪，在美国著名大学学的是经济学，就业前景十分光明，他自己却选择了前途未卜的职业球员方向，他爸妈什么也没说，遵从孩子自己的意愿。而国内出现的丁俊晖、郎朗等世界名人，却刚好相反，恰恰是从小遵照父母的意愿打造出来的。

6. 鼓励敢想敢做

笔者经历过一个鲜活的事例，至今记忆犹新。出访美国时到一位女教授家做客，大人们在客厅里谈话，教授六七岁的小儿子两次开门进来看他爸妈，爸妈说，孩子快去玩吧！不久他又进来了，这次手里拿着把小提琴，不等大家反应过来，小男孩已经有模有样地开始演奏了。按照中国人的规矩，这孩子打断了大人的谈话，有点不大礼貌。可他爸妈没有丝毫的不高兴，饶有兴趣地听完了儿子的表演，给予由衷的掌声。当时笔者怦然心动，这美国的父母就是不一样啊！

（五）家庭教育到底要培养什么样的人？

家庭教育到底要培养什么样的人？处于不同的角度会有不同的回答和要求。例如从社会的角度出发，可以笼统地回答，培养国家需要的德智体美劳全面发展的社会主义接班人。

可是现在我们面对现实，切换一个角度，即从最小社会细胞——一个家庭的视角来体验希望把子女培养成什么样的人。这里笔者要把现今佛山家庭进行细分，深入分解为几种情况：

1. 精英家庭

社会精英是指家庭中的家长男女双方至少有一方是各行各业的杰出人物，例如企业家、高级官员、部队高级将领、规模企业和规模事业单位高管、行业的专家学者以及高校、医院管理者、教授和名医等。这些家庭衣食无忧、富足优裕。

我们必须注意这样一种情况，成为社会精英必须经过少则十年多则几十年的不懈奋斗，他们的子女至少是小学高年级或中学生了。这种历经打拼成功的人士，对子女抱有很高的期望，不惜花费大量金钱，希望孩子获得高学历、国外教育，将来成为卓越之人。但是他们又由于其社会地位在事业、应酬方面操心很大，教育子女的时间并不多，因此宁可花大钱用学校教育来替代家庭教育。

2. 小康家庭

小康家庭的家长是介于精英家庭和平民家庭之间的情况，在社会地位和经济收入方面是低于精英，高于平民百姓。家庭收入高于消费支出，在银行存有一定的积蓄，但多数考虑子女的高等教育、留学以及家庭特殊需要。

这些社会家庭的家长都是中青年，社会地位不高但还过得去，职业和收入都存在着上升空间，他们往上走、向钱看的情绪十分强烈。这种饥渴的情绪反映到子女教育上，就是超越家庭财力向孩子教育投资。孩子要上好幼儿园、好学校，还需要一周参加好几个兴趣班强化才艺。小康家庭的家长多数指望子女将来“出人头地”，超越父母“高不成低不就”的尴尬局面，进入较体面的社会阶层。

3. 平民家庭

平民百姓是佛山人口的大多数，是社会的普通劳动者。例如政府普通公务人员、企业一线技术人员、事业单位职员、学校一般教职工、医院基础医务工作者等等。他们的收入勉强应付家庭的开销和子女的入学，银行积蓄不多。

这部分家庭的父母当然也愿意子女有“大出息”或者“飞黄腾达”，但无论从家庭基础条件和财力都难以支撑孩子接受好的教育，但内心中却大多认为，如果子女将来能“自食其力”、成家立业就心满意足了，至于其他念想多数都是“奢望”。

至于留守儿童的家庭划分是个难点。这些孩子的父母因为贫穷才离开农村到城市打工。打工之前可以算作贫困家庭，但打工之后收入有了很大改变，应该进入平民百姓家庭序列。这些留守儿童的家长对子女学习的期望与平民百姓大致差不多。

4. 贫困家庭

现在中国处于贫困线的人口大致是5000多万，涉及数以千万计的家庭。这些人家衣食堪忧，经常为生存而挣扎，子女的教育和前程难以顾及。

还有一部分人口和家庭没有引起足够的注意，这就是家庭中的父母有过违法犯罪行为，被判过徒刑、拘留以及在押人员的孩子。这些家庭我们称为“特殊家庭”，也将其归于贫困家庭之列。当然这些家庭除了经济贫困之外，“精神贫困”更是问题的重点。

佛山市是广东的经济大市，贫困家庭的数量比例很小，如上所分析的“特殊家庭”会存在，但数量也不会很大。因此对于佛山地区而言，居于贫困家庭的情况暂时忽略不计，无须展开分析。

总而言之，上述四类社会家庭都希望把子女培养成各行各业的精英，可只有精英家庭和小康家庭可以全力以赴，而平民家庭和贫困家庭只是美好的愿望而已。家庭对子女的成长目标一定会折射到家庭教育的自觉性和努力程度上。

但是随着国家明令要求逐步解决进城务工人员子女的入学、就业等问题，这部分家庭的子女教育也会进入佛山市、区两级教育部门的视线，社区需要进行实质性管理和服务。

对于这样的细分，专家学者们可能会有自己的见解，甚至提出异议。这里提出的只是个人的学术观点。

二、开展家教培训普及家教知识和技能

实际上，现在对家庭教育的认识存在着很大的误区，近些年我国政府开始注意到了这个问题，2015 年 10 月 11 日，国家发布了《教育部关于加强家庭教育工作的指导意见》。但是即使是在佛山，绝大多数家庭对于家庭教育是一门科学，是需要为人父母主动学习和掌握的这种意识还十分模糊；可能一些青年家长连家庭教育和学校教育的区别都分不清。

现实告诉我们，需要设立家长培训学校，家长培训学校可以在社区或中小学设立，政府应支持和鼓励社会力量和有条件的专业人士出资或承包办学。

需要建立专职的家庭教育培训教师队伍，一部分条件适合的在职人员和离退休人员可以作为兼职人员予以补充，但要实行资格认证制度，持证上岗。在我国，多年来并没有真正重视家庭教育工作，多把家庭教育当作可有可无的“教育副业”，当成了离退休老同志发挥余热的“主战场”。因此，我们要尽早培养从事家庭教育的专职人员——家教培训师。他们应当享有较高的待遇和收入。这里有个概念问题值得注意和区分，坊间所称呼的家教不少是高校的在校生，他们作为勤工俭学去给社会家庭的孩子们补习中小学课程，这些家教所教授的对象是家庭子女或者说是中小学生。这里所讲的家庭教育培训师，所教授的对象是家庭中的父母亲以及孩子的爷爷奶奶/姥爷姥姥，而教授的课程是教育子女的理念、教育方式和内容。因此社会上的家教和家教培训师两者完全不是一个概念。

我们的大中小学校培养的学生无论在道德、素质和技能上都存在不少问题，主要原因是“学苗先天不足”，而先天不足又是不重视或根本没有家庭教育造成的。很多家庭错误地认为把小学应当学习的书本知识，拿到学前学习就算是家庭教育了，这是非常严重的认识失误。

此外，还要将家庭教育作为社会公益活动，鼓励大中小学教师参加家教培训，鼓励退休老教授、老教师、老教育管理者参与家教培训和实际操

作。鼓励开展家庭教育的公益活动。

三、把家庭教育纳入法制轨道

2015年国家发布了《教育部关于加强家庭教育工作的指导意见》，这是否是我国政府近几十年来首次发布的部委级家庭教育文件，还有待考证。但是毕竟说明了2015年2月习近平总书记发出的要重视家风家教的号召，在政府机构内开始有了回应和落实行动。教育部的文件带来了一个明确的信号，首次从国家的层面来释放出对家庭教育的态度。家庭教育今后会有列入国家教育大系统的可能性，国家教育将来会形成家庭教育、学校教育和社会教育三大分系统。家庭教育今后要从国家机构的层面来完善、实施和推进。以前政府和专家学者们也笼统地表示国家教育由家庭、学校和社会教育三方面组成，但实质上家庭教育只是个概念，其主管部门、主体责任、组织体系等构成要件从来没有过明确定位。口头概念实际是无法落实和执行的。

对于此次教育部的指导性意见，笔者认为既然是“指导”，各地教育部门可以根据本地区实际情况参照执行，也可以通过大胆实践、勇于创新探索出适合地方情况的家庭教育系统和理念方法。我们赞成家庭教育的主管单位是各级教育部门、家庭教育的责任主体是孩子的父母亲。但并不认为家庭教育的“实施主体”是中小学和幼儿园，中小学和幼儿园应当是学校教育的实施主体。而家庭教育的实施主体应当是孩子的父母和其他长辈家庭成员，或者是家族长辈成员。家庭教育的责任主体必须是家庭教育的主要实施人，其他家庭/家族成员起到辅助作用。

除了市、区教育部门主管外，佛山应当将家庭教育建设列入社区和村落的工作职责考核范围，因为社区和村落的管理、服务对象就是居民家庭。应当在这些组织内设立家庭教育指导机构和专职家庭教育指导师。

伴随着国家层面开始重视家庭教育的态势，国家、省级立法文件会逐步明确和出台，佛山地方不应当被动等待国家相关法律、规制条文出台，要勇于开拓创新，针对地方实际研讨实施适应条款，先行先试。

在地方立法中，必须明确市、区两级教育局、关工委、妇联及社区和村落等家庭教育主管和责任单位的任务、责任和相互关系，明晰家庭和社会两方面的具体责任人。进一步细化和完善保护未成年人正当权益、抑制打骂等违法行为相关规制条文等。

四、政府协调，相关方各负其责

通过政府相关部门来协调和明确家庭、学校和社会三方教育的衔接和配合，明确各自的职责，完善相关的规章制度。

从科学管理的角度考虑，佛山的家庭教育、学校教育和社会教育应当尽力清晰各自的职能范围和管理责任主体，务必不要出现多头管理、交叉管理等弊端。需要佛山市教育局将家庭教育、学前教育、学校教育和社会教育统筹进行宏观规划、管理和监督检查，各区教育局具体组织社区和村落落实和开展。

家庭教育、学前教育的牵头管理单位应当回归政府教育局，关工委和妇联主要是把离退休老干部、老科技人员作为教育协助力量予以辅助。老同志有敬业等优势的一面，也有现代移动信息技术孱弱的一面，还有思维代沟等不足之处。老同志可以作为家庭教育的辅助力量，但不是主力军，也担当不起家庭教育导师的重任。家庭教育的主力军应当是合法的家庭教育学校和具有家庭教育认证资质的培训教师。

在学校教育方面，除中小学、幼儿园，在高等教育系列中，除极少数一类重点大学由国家教育部和省政府管辖，其余应一律放归所在市地管辖。这样有利于市地教育主管部门统筹整合教育上中下游各类资源，搞好从家庭教育、学前教育、中小学教育以及高等教育的相互衔接和配合，各类教育可以更好地运用本地区资源，主动为地方经济和文化升级做好智力服务；也便于各高等学校将服务的目标主动转向地方经济和文化，以此为动力，调整好学校的专业设置和课程建设。

各类教育主要回归地方统筹管理的另一个好处是会大大加速产教融合和校企联动。以前校企合作多年来一直摆脱不了“说起来热，做起来冷”的局面，其中一个重要原因是双方管理归口不同。最需要产教融合的大学多数归口国家部委或省里管辖，而绝大多数企业则归口市地管理。如果作为培养技术技能型人才的非重点高校统归市地管理，则与市地企业的合作与联动就容易多了。

五、鼓励开展家庭教育的科研和实践

家庭教育是社会教育大系统中的重要分支，具有很强的科学性和规律性，必须将其作为教育大系统的不可分割部分开展研究和探索。在对家庭教育的研究探索方面，西方先进国家比我们认识得早，下手早，也早出了不少好成果。早在公元前469年，西方第一位教育家苏格拉底就开始研究和论述家庭教育。从苏格拉底时代开始，直到现代社会，西方国家的教育家群星璀璨，他们的家庭教育思想和实战经验也相当丰富。但是历史的规律证明，过去和现在落后，并不等于将来也落后，更不等于永远落后。中国经济后来居上的事实已经充分证明了这一点。

建议在现有教育的研究机构中增加家庭教育的科研分支，加快培养专职研究队伍。还要资助民间业余研究队伍，作为政府研究机构的重要补充。同时还要鼓励政府教育系统工作人员、大中专学校教职工，以及离退休老教授、老教师、老干部和老科技工作者参加家庭教育的科研和实践探索。

六、鼓励和促进与西方家庭教育的交流、学习活动

可以聘请有真才实学的西方家教专家来佛山讲学。一是直接开办家长培训班，让佛山中青年家长直接感受西方先进的家教理念和做法。二是举办家教培训师提高班，先重点培养一批掌握先进教育理念和方法的专业家教人员，然后再由他们间接地训练和传授给本地区中青年父母们。

还可以鼓励教育培训机构和中小学，利用寒暑假期间开展中西方家庭教育体验活动，体验时间在一周以上，对口的家庭可以互免食宿费用。这样佛山一些收入不高的家庭也可以参加了。近年有报道说由团中央牵头组织的内地中小学生与新疆贫困边远地区中小学生以相互通信为媒介，结成好朋友，使内地和新疆的两个家庭结识走动，建立了长久友谊关系，多个家庭的互动和访问有力促进了汉族和少数民族之间的团结。我们完全可以将这样的经验用于中外学生和中外家庭的互动，相互间感受不同国别之间的家庭教育理念。这种做法一旦施行，相信中外家庭和孩子们都会收获颇多。

笔者在美国机场曾经看到，一对美国夫妇带着三个孩子出行。三个孩子都和父母一样分担行李。最小的孩子也就四五岁的样子，可也背着个小背包，兴致勃勃的与家人赶路。另一天在美国巴尔的摩市商业街上，看到个一两岁的小姑娘自己跌跌撞撞走着，一步没走稳，摔倒哭了起来。母亲赶上来说，起来、起来，就是不去扶。小姑娘忍住哭，爬起来又歪歪斜斜地向前走去。这些对待方式的不同都是中外家教的理念差别吧！

学习从来都是相互的。2014年9—11月，日本国家青年教育机构组织调查“中学生对生活和社会的看法”，来自中国、美国、日本和韩国的约7600名学生参与了调查。调查中设置的一个问题是：“在父母年迈后，你

是否愿意尽一切努力照顾他们?”四国的学生给出的答案差异很大。近九成中国学生愿意照料父母，而日本学生仅占四成；韩国和美国学生的意愿居中，但都超过了半数。相比之下，绝大多数中国学生都清晰地表达了照顾父母的决心，反映了中国孩子们十分突出的优点：具有强烈的孝心。

还有一种方法是委托培训机构或者学校，联系办理佛山的高中生和大学生利用寒暑假期间到西方有条件的家庭去勤工俭学。可以在家庭/家族企业或农场里做季节工或临时工，也可以在有需要的家庭中做家务，对于现今中国的多数独生子女一定会有很强的教育意义的。其实，这种方式的勤工俭学对于西方的大学生和中学生而言，早已成为常态了。笔者在1990年去美国圣何塞大学、杜克大学、阿巴拉契大学访问，看到在图书馆、餐厅、体育馆等设施内都有学生在做勤工俭学，甚至一些卫生清扫工作也是学生在做，这些人工作时都落落大方，丝毫没有不好意思的表情。

附录：

“学文化”的梦想伴我走出大山

陈万里

1991 年作者获东北大学硕士学位

作为曾经在艰苦卓绝、业绩辉煌的农垦战线奋斗、生活过六年的我，现在大学担任副校长。除繁忙的校务管理工作，仍不时为学生们上课和开讲座。每当看到个别学生不珍惜今天的高校学习时，深深为他惋惜，这可是身在福中不知福。在我年轻的时候，能上大学是多少适龄青年朝思暮想的美事呀！思绪禁不住飘回了 40 多年前，那终生难忘的九三农垦岁月。

记得是 1974 年 7 月，我登上了开往沈阳的列车，去东北工学院（现东北大学）读书。惜别之时，再深情地看一眼，我六年打拼的第二故乡——黑龙江省九三农垦局局直单位——农建大队施工队。打那儿以后直到现在，我已返乡省亲过三次，

在那人称北大荒的地方，有着感天动地的农垦战斗记忆，有着无限牵挂的农垦父老乡亲！

一、我的九三农垦岁月

1968 年 11 月 21 日，我从齐齐哈尔市第一中学初中下乡，跟随 50 多

名知青一同登上北去的列车，到黑龙江九三农垦局局直单位农建大队报到。不久，九三农垦局改制为黑龙江生产建设兵团第五师，我们那里是五师师部。我父母家庭出身好，十五六岁参加八路军，都是医务兵，后转业地方医院做管理。但当时正值“文化大革命”初期，父母在齐齐哈尔市医务系统被定为“走资派”关了牛棚，家里4个孩子3个下乡。才到农建大队的时候，我属于被改造的走资派子女入不了党团组织，作为当时的“兵团战士”也是特批的。一个17岁的年轻人思想负担很重，认为通过努力干活、“赎罪”，也许能让父母早日走出牛棚。

我所在的局直属农建大队施工队，是用拖拉机、汽车从事修水库、筑路等农业基础设施建设，这个施工队的足迹遍及小兴安岭一带。农建大队长徐华，是大尉营长转业的老革命，平时脸“很黑”，爱喝点小酒，可心地善良。教导员张成富见人总是笑眯眯的，一旦你犯了错误，批起人来刀刀见血，小青年都怕；可我很敬佩他有能力有才华。副大队长是耿全仁，山东大汉仪表堂堂身形健美，遇到险活重活带头冲。后来又提了个副教导员兼团总支书记常德安，他很是和蔼可亲；再后来我成了他团工作的副手。

1968 年下乡在黑龙江九三农场

我的直接上司是施工队长朱会龙，原是大队测绘队队长，技术员功底，那在当时可是大知识分子。大伙明面上说“臭知识分子”，其实暗地里都很羡慕有知识的人。朱队长遇事敢于碰硬，是非分明，是咱心目中好打头的。

随后姜广明接任朱队长，夸张点说，这是个邓小平式的人物，个头小能量大。动不动讲话就合上辙押上韵改成“顺口溜”了，咱们这些小青年不得不佩服。正是由于队里有这些好领导，做事公正，当时作为“文革”黑七类子弟的我几年后也有了“出头之日”。

尽管因家庭问题被排在知青队伍的“末尾”，由于打连班36小时不下岗，干活“敢拼命”，1969年4月我经特批加入共青团，后被选为农建大队团总支副书记。

在九三农垦局直的六年，我开了两年拖拉机，完成了助手、副驾驶员、驾驶员三级跳。又当了两年施工队司务长，和几个炊事员一起，起早贪黑为大伙做饭烧水，颇受好评。后来经考核被大队领导班子任命为施工队副队长，又干了两年，直到1974年去沈阳上大学。

二、在九三农垦萌发读书的梦想

从1969年末起，由于当上了农建大队团总支副书记，大家不再把我看成“被监督改造对象”，我开始有了要读书的念头。私下想这社会要进步，总不能人人都不读书吧！当年在兵团大力宣扬的是“一生扎根边疆干革命”，学《毛选》、学“文革”社论；谁要是敢看学校教科书，那就是“反动”。对我这样“出身不好”的，一旦被发现，会立马上纲上线，后果不堪设想。

尽管要冒很大的风险，六年中我利用少有的几次回齐齐哈尔探亲的机会，悄悄搜集初高中的文化课本，准备私下自学。但那时知识青年全部生活都是集体化，根本没有独处的机会。

后来，八一农垦大学的物资不知是何原因，搬迁到了我们农建大队的“隔壁”单位师部教导队。那时，是不是还有老师到来就不清楚了。有一天，教导队礼堂天棚发生电路跑火，仰望头顶天棚里一片通红，礼堂里当时装满了八一农大的仪器设备。我们大队教导员张成富闻讯，当即带领部下几十人冲进去抢救物资。大家都在紧张地忙着抢出设备和物资，感觉没过多久，礼堂顶棚突然坍塌下来，我和20多人被砸倒。多数人爬着通过门窗跑出了火区，可还是有平均年龄不到20岁的4名战友被大火吞噬，壮烈牺牲。尽管逃离了大火，可我与其他10多人烧伤或负伤，被送到九三垦局医院抢救治疗。

大队为等家属遗体告别，把烧焦的人体在一处偏远的土坯房存放了几天。追悼大会召开时，我腿上缠着绷带代表活着的战友，一瘸一拐上台发言，流着泪水表示要继承4位英雄的遗志，决心将他们未完成的农业基础建设事业进行到底。追悼大会后，那个旧房子不再使用，也无人光顾了。

两个月后的一天，已经康复投入工作的我脑海灵光一闪，这废屋子不就是隐秘的读书点吗？打那以后，住知青“大通铺”的我每天清晨5点起床，悄悄打着手电过去，找出事先藏好的书本，点上蜡烛，冒着零下30多度的严寒，看上一小时的书。那时年纪刚刚20岁，看到烛光映衬到墙上拉长了自己的身影，脑海中浮现出4为死去同事的模样，心底总是感到一阵阵颤抖。可以说每次去看书，都是对意志和神经的考验，但读书的渴望总能战胜恐惧和寒冷。每到冬天，北方的小兴安岭一带天寒地冻，我们施工队人员回大队检修设备休整时，“地下行动”就开始了。清晨读完书再悄声回宿舍装睡，和其他知青一同起床；直到我上大学离开，竟然没人发现这个秘密。

三、九三农垦多年的读书梦想成真

时间不知不觉到了1973年，由于党组织的教育培养，加之个人的奋发努力，农建大队将我列为5%“可以教育好子女”人员。上级党委特批为中共预备党员。在大队我是第一个被任命为中层干部的知识青年，时不时还作为知青代表，外出讲述农业基建人战天斗地气壮山河的事迹。

1974年，经过农建大队全体人员投票公选，有3名知青选送上学。我得票靠前，去沈阳东北工学院读大学，另两位战友去了齐齐哈尔市东北重型机械学校。

40多年过去了，几代农垦人艰苦奋斗的精神风貌依旧感染着我，几十年积淀形成的优秀农垦文化依旧熏陶着我，促使我这个当年的下乡知青，从过去坚持追逐农垦梦到今天持续追逐中国梦。

40多年过去了，“学文化”的梦想伴我从九三农垦局走来，激励自己锲而不舍学习充电。一个初二水平的知青，上了大学，攻读了硕士、博士学位，获得了教授和教授级高工两个正高职称。如今能够作为副校长管理高校，能站在讲台上教大学生，这是咱当年做梦都不敢想的。真希望能把不畏困苦、知识改变命运，把个人梦和民族梦融合起来，以实际行动坚持筑梦、追梦和圆梦的道理传递给我的学生，也希望他们能认识到，自己赶上了鼓励学习的好时代，千万要珍惜。

一辈子感谢历练我、培养我的九三农垦局！

一辈子难忘选送我、鼓励我的农垦战线亲人们！

有九三农垦局，有九三的父老乡亲，才有我的今天。

2015年8月5日于佛山市广东东软学院

屡败屡战学英语

陈万里

每当提起英语口语和听力，本人的心情很复杂。想说爱它吧，不容易，想说恨它吧，也不容易；实在是很纠结。有时候常常以己度人聊以安慰，现45岁以上学理工科的人都一样，没多少外语听说好的；个别好的就像“得道成仙”一样稀少。

实际上，我女儿从懂事时起，就看着爸爸画“钩文”（英语）；如今已经进入职场的孩子从外地来看望我们，看到我还在写英文句子，就戏谑地说，爸呀！这英语学得可老有年头了，应当是“英文教授”了吧？搞得我哭笑不得。

后来，人也学乖了。只要有人说“陈老师，还学英语哪！”不论是调侃还是感叹，我都会主动出击：“咱是屡战屡败，屡败屡战，直到永远哈！”虽然表面上有阿Q精神，可老学不会这件事一直困扰着我，因此到处“求医问药”。一天大脑灵机一动，想起了北京第二外国语学院的一位法语教授老同事，便电话远程求医，老友一番问诊后，出的药方是：“缺晨读，得大声读啊！”几个月过去，确实朗读上有了效果，但听和说并不明显。没办法，还得求教呀！曾经抽空请教过外语部的资深教师，他说，诀窍就是开口说，实际练，没别的。这番话提醒了我，联想到多年前，东北大学一起留校的体育教师王永祥。记得是我们刚留校不久的一天，我在冰球场上打冰球，看到他在场外观战，便过去打招呼，王永祥突然冒出一句：“what time is it?”我立马就愣在那了，迟疑地回答：“It is… . It is 3 o’clock.”后来我才知道，“这小子”开始对英语感兴趣了，见谁都整两句英语；甚至去参加同事的婚礼，全要英语感言；在场的人听不懂发出讪笑，他就像没听见，依旧结结巴巴地“蹦英语单词”……后来，我听说他由于英语出众，被评为国际一级速滑裁判，不时代表中国参加国际赛事裁判。再后来又担任了体育部主任，因为英语流利，人送外号“双语主任”，手下还带出了多名外语好的年轻教师。

两个专家诊断和一个朋友的案例使我“茅塞顿开”，我屡战战的是简单的写和读，屡败败的是说和听，不是一码事。再说了，有了多年的写和读，尽管是简单的，才使我一个当年学俄语底子的人，考过了职称 A 级英语，考过了博士、硕士学位英语；用东北人的土话说是“拉锯就有末”。

那么下一步如何解决英语听说问题呢？只能依据专家“医嘱”，像当年的王永祥老师那样“脸大不害臊，绷脸造呗!”坚持吧！坚持不害臊的操练，最终的结局一定是“拉锯就有末”，闯过英语听说关。

2012 年 5 月于四川都江堰成都东软学院

参考文献

图书

[1] 陈坤林，何强. 中西文化比较［M］. 北京：国防工业出版社，2014.
[2] 魏光奇. 中西文化观念比较［M］. 北京：经济科学出版社，2012.
[3] 刘正刚. 佛山与佛教文化［M］. 济南：齐鲁书社，2015.
[4] 陈万里. 草根族 PK 博士生女儿［M］. 北京：企业管理出版社，2013.
[5] 荣格格，吉吉. 中国古今家风家训二百则［M］. 武汉：武汉大学出版社，2014.
[6] 陈万里. 只有学到老才能活到老［M］. 广州：广东高等教育出版社，2015.
[7] 谢放. 中国铁路之父：詹天佑［M］. 广州：广东人民出版社，2008.
[8] 陈万里. 和颜悦色的教育经［M］. 成都：电子科技大学出版社，2013.
[9] 张解民，叶春生，等. 顺德文丛［M］. 北京：人民出版社，2005.
[10] 宋涛. 中华传世家训［M］. 北京：燕山出版社，2008.
[11] 赵忠心. 家风正　子孙兴［M］. 北京：北京理工大学出版社，2015.
[12] 杨安. 家风　决定人生命运的精神财富［M］. 北京：中国财富出版社，2014.
[13] 潘鸿生. 好家风成就好孩子［M］. 北京：北京工业大学出版社，2015.
[14] 李世强. 家风　最美的教育是传承［M］. 北京：中央编译出版社，2015.
[15] 何凤娣. 好家风就有好家教［M］. 北京：北京理工大学出版

社，2015.
[16] 马洪林. 康有为大传［M］. 沈阳：辽宁人民出版社，1988.
[17] 冯用均，陈宗庸，罗辉，等. 高明文史资料（第十二辑）［M］. 高明新颖彩印有限公司，2000.
[18] 佛山炎黄文化研究会，佛山市政协文教体卫委员会. 佛山历史人物录［M］. 花城出版社，2009，09.
[19] 劳尔峰，陈显达. 乡贤风采［M］. 广州：花城出版社，1995.
[20] 中共佛山市南海区委宣传部，等. 南海名胜　南海名人　南海风俗［M］. 广州：中山大学出版社，2010.
[21] 阎爱民. 中国古代的家教［M］. 北京：商务印书馆，2013.
[22] 佛山古镇文化发展有限公司. 佛山记忆［N］. 广州：广州出版社，2011.
[23] 佛山市档案局，佛山市地方志办公室. 佛山历史人物论丛［M］. 广州：广东人民出版社，2012.
[24] 中共佛山市南海区委宣传部，等. 根系南海［M］. 广州：羊城晚报出版社，2014.
[25] 佛山市南海区人民政府地方志办公室. 南海院士风采录［M］. 广州：广东人民出版社，2014.
[26] 威特，蒙台梭利，斯托夫人. 卡尔·威特的教育　蒙台梭利的教育　斯托夫人的教育［M］. 春之霖，李彦岐，熊亮，编译. 北京：中国华侨出版社，2010.
[27] 麦加菲. 西方成功家庭教育读本［M］. 张建成，十一的，译. 广州：新世界出版社，2008.
[28] 余娜. 一本书读懂西方家教智慧［M］. 北京：华夏出版社，2011.
[29] 苏豫. 哈佛家训［M］. 长春：吉林出版集团有限公司，2013.
[30] 查尔斯菲尔德. 一生的忠告［M］. 云牧心，编译. 广州：新世界出版社，2011.
[31] 画云. 我把美国教育方法带回国［M］. 北京：作家出版社，2015.

论文

[32] 中共中央. 公民道德建设实施纲要［S］. 中共中央，2001.

［33］教育部．教育部关于加强家庭教育工作的指导意见［S］．教育部网站，2015，10．
［34］赖达观．佛山状元小议［M］//佛山市档案局，佛山市地方志办公室．佛山历史人物论丛．广州：广东人民出版社，2012．
［35］姚朝文．武术之乡的武功大家［M］//佛山市档案局，佛山市地方志办公室．佛山历史人物论丛．广州：广东人民出版社，2012．
［36］彭腾金．何维柏——明朝“三气”礼部尚书［M］//中共佛山市委宣传部等主编．南海名胜 南海名人 南海风俗．广州：中山大学出版社，2010．
［37］李小青．张荫桓——清末名臣［M］//中共佛山市委宣传部等主编．南海名胜 南海名人 南海风俗．广州：中山大学出版社，2010．
［38］赖达观，麦文东．吾粤正气之所钟［M］//佛山市档案局，佛山市地方志办公室．佛山历史人物论丛．广州：广东人民出版社，2012．
［39］刘绮平．为民办事　深得群众爱戴的佛山古代官员［M］//佛山市档案局，佛山市地方志办公室．佛山历史人物论丛．广州：广东人民出版社，2012．
［40］戢斗勇．梁廷枏和他的《海国四说》［M］//佛山市档案局，佛山市地方志办公室．佛山历史人物论丛．广州：广东人民出版社，2012．
［41］杨智维．梁发传播中西文化的贡献［M］//佛山市档案局，佛山市地方志办公室．佛山历史人物论丛．广州：广东人民出版社，2012．
［42］戢斗勇．中国铁路和近代工程之父詹天佑［M］//佛山市档案局，佛山市地方志办公室．佛山历史人物论丛．广州：广东人民出版社，2012．
［43］戢斗勇．中国近代科学家邹伯奇［M］//佛山市档案局，佛山市地方志办公室．佛山历史人物论丛．广州：广东人民出版社，2012．
［44］吴庭璋．佛山的教育名师［M］//佛山市档案局，佛山市地方志办公室．佛山历史人物论丛．广州：广东人民出版社，2012．
［45］魏建科．陆启铿 数学家、数学物理学家［M］//佛山市南海区人民政府地方志办公室．南海院士风采录．广州：广东人民出版社，2014．
［46］金艳，孔繁文．关肇邺 建筑学家 中国工程院院士［M］//佛山市南海区人民政府地方志办公室．南海院士风采录．广州：广东人民出

版社，2014.

［47］孔庆炜. 罗绍基 水电专家、中国工程院院士［M］//佛山市南海区人民政府地方志办公室. 南海院士风采录［M］. 广州：广东人民出版社，2014.

［48］孔庆炜，孔繁文. 杜维明 新儒学领军人物 美国人文社会科学院院士［M］//佛山市南海区人民政府地方志办公室. 南海院士风采录. 广州：广东人民出版社，2014.

［49］陈万里. 认识、习惯和精神与青少年学习［J］. IT 教育探索，2014.

［50］陈万里. 父母及家庭对孩子读书的影响［J］. IT 教育探索，2014.

［51］陈万里. 大学课堂教学变革的思考及实践［J］. IT 教育探索，2013.

［52］陈万里. 用正确的方式教育学生［J］. 南海东软信息学院校报，2013.

报道

［53］微博. 70 后育儿秘籍：我的双胞胎女儿如何考上北大［Z］. 中国青年报，2015，07.

［54］微博. 没有天生自律的小孩　看美国妈妈引导孩子自律［Z］. 新浪教育，2015，02.

［55］未知. 剖析中国家庭教育的现状，对比中美家庭教育的异同［Z］. 毕业论文网，2011，08.

［56］未知. 中美家教存在的差异［Z］. 育婴会，1970，01.

［57］财富人生. 美国著名家庭比较［Z］. 微信，2015，03.

［58］何欣. 媒体评习近平为何要强调家风家教［N］. 扬子晚报，2015，02.

［59］李琼. 赴美留学生三成来自中国［N］. 广州日报，2015，02.

［60］郭齐家. 用好中国传统教育思想精华［N］. 人民日报，2015，07.

［61］陈焯莹. 佛山文化为何频繁引央视关注?　［N］. 珠江时报，2016，02.

［62］高靓. 近八成留学生选择回国就业［N］. 中国教育报，2016，03.

［63］刘雪梅，郑祖伟. 一年之季春光好 游学实践正当时［N］. 现代教育报，2016，03.

［64］王亚亮．佛山创新关键词：文化、融合、企业［N］．佛山日报，2015，12.
［65］潘宇莹．国际学校多了华裔学生面孔［N］．佛山日报，2016，03.
［66］韦建桦．传统文化与核心价值观的辩证关系［N］．人民政协报，2016，01.
［67］梁绍怡，司徒瑞红．今年将举办佛山武术文化节［N］．珠江时报，2016，02.
［68］汤文燕．不是电影，来真的［N］．佛山时报，2016，03
［69］蒋晓敏，黄俊波．“中餐”容量大“西餐”互动多［N］．佛山日报，2016，04.
［70］梁绍怡，司徒瑞红．“功夫角”常态化展示佛山武术［N］．珠江时报，2016，02.
［71］郭炜，梁碧珊，叶健文，等．大圃历史人物，您知多少？［N］．狮山树本周报，2015，12.
［72］刘嘉麟．顺德祠堂 诉说顺德变迁历史［N］．南方日报，2015，10.
［73］何绰瑶，孔庆炜．罗格孔氏　文脉繁衍八百载［N］．佛山日报，2015，07.
［74］杨世聪，陈淑娟，吴玮琛，等．古村旧祠轻诉悠久故事［N］．珠江时报，2016，04.
［75］关婉灵，张在欢，王阿玲，等．庆真楼昨日重开　北帝明日大巡游［N］．南方都市报，2016，04.
［76］曾雪莹．祖庙北帝父母殿昨对外开放［N］．珠江时报，2016，04.
［77］何绰瑶．庆真楼父母殿复原明日开放［N］．佛山日报，2016，04.
［78］戴欢婷，苏绮玲，叶宁，等．秉承父训传“书使”献计文化显情怀［N］．珠江时报，2016，03.
［79］章梓涵，陈颖芳，刘艳玲．南海 3 个家庭获评广东“最美家庭”［N］．珠江时报，2015，07.
［80］钟焦平．传统文化教育警惕泥古倾向［N］．中国教育报，2016，01.
［81］郑奕纯，李绍荣．挖掘廉洁基因　弘扬良好风气［N］．佛山日报，2015，08.
［82］郭炜，罗润英．爱心义卖家长连续 4 年捧场［N］．狮山树本周报，2016，04.

［83］欧阳姝瑾，尹祎．升级美丽乡村　打造特色文明［N］．佛山日报，2015，11．
［84］徐艳红．培育工匠精神和提倡大师精神［N］．人民政协报，2016，04．
［85］新华社时评．工匠精神是中国制造要补的“精神之钙”［N］．珠江时报，2016，03．
［86］刘曦．中学生孝顺排行榜　中国第一日本最后［N］．广州日报，2015，09．
［87］蒋晓敏，于祥华．“工匠精神是一种技术精英的传帮带”［N］．珠江时报，2016，03．

后　记

不算主编过的大学教材，本书是我的第五本著作。前四本涉及教育学和经济学的内容，这第五本可以归类为历史学、教育学和社会学相关内容。新的著本需要的是对佛山本地历史资料、文化典籍和人物传记知识的掌握和梳理，还需要尽可能多地开展田野调查。其实，涉及佛山本地的这些内容和风土人情，对我这个来当地执业不到四个年头的人来说，还是比较生疏的。但是作为学者、作为一个“新佛山人”而言，我有责任和义务尽快为“新的执业地”佛山做些学术贡献。

2013 年 5 月，为支持南海东软信息技术学院“专升本”，我从四川成都东软学院奉调前来佛山市。2014 年 6 月，南海东软信息技术学院由大专成功升本，更名为广东东软学院，这才松了口气。

总结个人一生的职业生涯，作为知青下乡 6 年，上学加之留校工作在东北大学校园内度过了 23 个年头；后来由于社会改革开放大潮的熏染，主动投身商海 15 个春秋，然后又回到大学从事管理及教学业务，转眼又是 7 年了。我开始不停地思考，应当减少休闲和娱乐时间，抓紧时间为职场上的后来人留下点学术积淀和感悟，而不失为一位成熟学人的本分和情怀。

东软集团董事长兼 CEO 刘积仁博士不时告诫我们，面对飞速变化的当今世界，必须实时学习；如果学不到老，你就活不到老。我非常认同刘博士的明智判断，也决心在今后的人生时光，无论身在职场内外都要持续践行终身学习提高的理念，坚持充电、坚持学术、坚持撰著。

很敬佩佛山市社会科学界联合会的高瞻远瞩，设立了人文和社科研究著作资助基金，数年来支持了一批愿意为佛山发展做贡献的社会科学人士著书立说，为地方学术记录下了多方面浓墨重彩的历史痕迹。为社科联领导和工作人士的思维远见和工作热情所感染，我主动聚集广东东软学院一些有志向的同事，积极投入佛山社科开展和普及的多种活动中。

关于这本《佛山家风家教研究》，无论是在遴选主题、草拟大纲，还是在撰写和审改期间里，都得到了佛山市社科联、佛山市委宣传部和广东省委宣传部的大力支持。市社科联各级领导以及具体工作人员，还有《今日广东》编辑部的唐锋军处长、佛山市委党校何良苏教授、佛山市作家协会郑启谦主席和中山大学刘卫国教授等专家学者都十分关心，提出了若干建设性和中肯的建议，我都予以认真思考和对待。这里要对他们的负责态度和热情关注致以诚挚的谢意！

由衷感谢广东省人大常委、教科文卫委员会副主任张宇航先生为本书作序。张先生见多识广，职业、生活积淀相当丰富；具有很高的文学素养，可以说先生是文学著述等身毫不为过。有幸与张先生在著书方面相知相交，还有能得到他对本书的真心推介我深感荣幸。

非常感谢我杰出的大学同窗，东北大学党委常委、副校长孙雷教授。孙雷虽然毕业于理工专业，可社会科学思维敏锐，文学功底也非同一般。多年前我们偶然相见，他赠送我多部著书，我顿感汗颜。孙雷学友此次欣然作序的一片真情使我感动不已。可以说，近些年我几本著作的付梓，能够追溯到当年他那“无声的鞭策”！现在孙雷学弟职场上重任在肩，利用国庆节休息时间为本书挥毫泼墨，情真意切、洋洋洒洒，两千字一挥而就……据此，道声感谢已经不足以表达我的心声了。

特别感谢中山大学中文系刘卫国教授对本书做了审改，包括书名、结构和遣词造句，他提出了有理有据的建议，我都进行了严肃的思考和认真回应。刘先生是中文专业博士生导师，我是学理工出身，文学素养差距那可不是一般的大。刘教授的修改已经达到了字斟句酌的程度，令我非常敬佩和感动！由此不难想象，刘先生指导自己的博士生该会是多么的精心和认真！

必须要感谢广东东软学院院长杨利博士的宽容和理解，理工专业出身的他支持和鼓励我们与佛山市社科联和广东省社科联加强联系，支持教职工开展地方社科研究和普及工作。学院主抓科研业务的副院长刘春雨博士，平时也是尽力相助社科活动。

还需要说明的是，我的年轻同事、广东东软学院数艺系范利阳老师，我已出版的 4 本著书中，《只有学到老才能活到老》《中国大学科技园发展及治理问题研究》这两本都是他制作的封面设计，很有创意，面世后大家反响很好！这次小范老师不但构思了目前这本书的封面初稿，并且指导他的学生、2014 级视觉传达艺术设计专业的陈嘉伟，为各章节设计了有特色的插图。小范老师的这一动作为本书赋予了全新的含义——广东东软学院师生联袂完成《佛山家风家教研究》。我们欣喜地看到，东软在校大学生也以实际行动投入地方科普的活动中来了。

还要感谢我的青年同事、广东东软学院宋德高和曾露薇两位老师。平时个人公务繁忙，曾露薇老师帮我把多种素材整理为合格的资助申报材料，付出了辛劳。为做好撰写准备，宋德高老师数次陪同我去佛山图书馆查找相关文献、典籍。佛山图书馆珍贵的历史文献是不允许外借的，德高老师就不厌其烦地用手机拍照，然后几次去文印社整理、复制为好用的写作素材，为我撰写提供了方便条件。

要感谢佛山图书馆副馆长黄百川、业务部张萌主任的热情接待，以及佛图其他工作人员为本书提供了良好的资料查询便利。

在我们广东东软学院还有院长助理、科研部部长李建辉博士、学工部部长石明罡老师、科研部彭新亮老师对本书的资助申请、撰写和出版都给予了尽力的协助，在此对这些好同事一并致谢！

这里，也十分感激参考文献的作者们，例如陈坤林、何强和魏光奇三位教授学者，他们撰写的力作使我加深了对中外文化异同的认识和理解。至于佛山家风家教历史沿革情况，对我这个“外来人”来说，就是“一头雾水”，正因为有了戢斗勇、吴庭璋、赖达观、姚朝文、刘绮平、杨智维、麦文东、陈希尹、刘艳玲、戴咏儒、冯用均、陈宗庸、罗晖、罗有纲、劳尔峰、陈显达、张解民、叶春生、梁荣新、李有华、彭腾金、徐广彬、春天、李小青、张喜洋、吴彪华、魏建科、金艳、孔繁文、张莹、孔庆炜、肖跃华、马梓能这些专家学者的大作，帮我“扫盲”佛山先贤和文史，给予了许多启迪和灵感；他们多年前挥洒的辛勤和汗水，间接支持了书稿的完成。

由于后记篇幅所限，不能一一感谢参考文献的作者们，敬请谅解！

还是要感谢一位与本书不直接相关的人物，那就是成都东软学院数艺系的奉代远老师。经过一段时间的思考酝酿，2011 年 11 月，我一生中首次把撰写书籍付诸行动。经人介绍我与奉老师相识，我的第一部著书、2013 年 5 月出版的《草根族 PK 博士生女儿》，是他制作封面和设计插图，作品非常有特色，与书籍的内容相得益彰。接着 2013 年 12 月出版的《和颜悦色的教育经》和 2015 年 6 月出版的《只有学到老才能活到老》两本书又都是奉代远设计了多幅插图，也都非常养眼。但是“智者千虑必有一失”，经过我反复核对的《只有学到老才能活到老》一书的后记，竟然漏掉了感谢我的这位“忘年之交”。这里不补上，我心不安!

此事还使我联想到一个人，是广东高等教育出版社的郑泽宇编辑。由于种种原因，我的《中国大学科技园发展及治理问题研究》《只有学到老才能活到老》两书出版过程中发生了问题，致使出版时间拖后了一年。纠结之时郑泽宇临时受命出任编辑，由于他良好的合作意识和认真负责的职业精神，出版任务很快完成了。因此我在两书的后记中都对郑编辑给予了高度评价和衷心感谢，可正式出版后发现，这些词语都被郑编辑删掉了，我感到十分可惜。可也是很敬佩这个青年人“做好事不留名”的谦虚态度；同时使我这只“江湖老鸟”又有了向年轻人学习的充分理由。

还要感谢腾讯公司的百度搜索引擎，协助查询到一些生僻词字的释义和读音；有了如此网络查询利器，现在做科研真比以前顺手了许多。

不能忘记致谢南方日报出版社，尤其是要感谢本书的责任编辑阮清钰先生，他富有很强的合作精神，为人谦和有礼，做事严肃认真，能与他交流合作我感到很愉快!

最后还要致谢几十年来伴随我的领导、师长、亲朋好友和我的家人，他们或从行动或从精神方面鼓励我努力向前。每当我有拙作问世，这些可亲可敬的人总是予以鼓励和欣赏，使我的心中充满温暖。自己知道个人的著书并不完美，但有如此多的好人善待和鞭策，本人非常满足，再次充满了持续“向前”的动力。

良好的家风家教在每个家庭中需要有个长期培育的过程。说到传承，甚至需要几代人的重视和辛勤努力；说到其重要性，关乎家庭/家族的兴衰，关乎中华民族的发展。特别期望佛山市委、市政府，期望佛山众多市民关注、重视和加强培育良好的家风家教。

作者介绍

教授 / 教授级高工，双正高职称
产业经济学博士
教育学 / 管理学双硕士
国际注册高级职业经理人
国际注册管理咨询师（CMC）
工商管理 / 项目管理双硕士生导师
佛山市社会科学联合会主席团成员
佛山市首届社科专家委员会委员
佛山市首批社会科学入网专家
佛山市作家协会 / 都江堰市作家协会会员

陈万里，现任广东东软学院（二本，佛山市）副院长，学院学术委员会副主任。齐齐哈尔市生人，祖籍吉林省九台县。黑龙江生产建设兵团五师（现农垦九三管理局）农建大队知青，中共党员。毕业于齐齐哈尔第一中学、东北大学。辽宁省管理科学研究会常务理事，广东省高校思想政治教育研究会理事，四川省企业联合会信息化委员会理事。

曾任东北大学校办产业管理处处长、东大科学园建设办公室主任、校团委书记、计算机系副书记兼副主任、计算机软件研究与开发中心副主任，沈阳北商技术股份有限公司（上市公司）副总裁，沈阳长白工控有限公司董事总经理，数字网络社区产业联盟秘书长，沈阳西东控制集团公司副总裁，沈阳万工世纪公司董事长，东软集团成都培训基地总经理，成都东软学院（二本，都江堰市）业务总监等。

多年来完成及在研各级科研项目 15 项，公开发表学术论文 50 多篇，已出版《草根族 PK 博士生女儿》《中国大学科技园发展及治理问题研究》《只有学到老才能活到老》《和颜悦色的教育经》《佛山家风家教研究》5 部专著，主编《大学生职业发展与就业指导》教材 1 部。

陈万里博士公开出版的专著

延伸阅读

作者沟通、联系方式：
(1) 百度搜索→百度百科→陈万里（广东东软学院）
(2) 新浪博客：http://blong.sina.com.cn/neusoftchenwanli
(3) 新浪微博：东软陈万里V
(4) 电子邮箱：chenwanli51@sina.com
2282892712@qq.com